AF884726

Dobermann Erziehung

Hundeerziehung für Deinen Dobermann Welpen

©2021, Claudia Kaiser

Expertengruppe Verlag

Die Inhalte dieses Buches wurden mit größter Sorgfalt erstellt. Für die Richtigkeit, Vollständigkeit und Aktualität der Inhalte kann jedoch keine Gewähr übernommen werden. Der Inhalt des Buches repräsentiert die persönliche Erfahrung und Meinung der Autorin. Es wird keine juristische Verantwortung oder Haftung für Schäden übernommen, die durch kontraproduktive Ausübung oder durch Fehler des Lesers entstehen. Es kann auch keine Garantie auf Erfolg übernommen werden. Die Autorin übernimmt daher keine Verantwortung für das Nicht-Gelingen der im Buch beschriebenen Methoden.

Sämtliche hier dargestellten Inhalte dienen somit ausschließlich der neutralen Information. Sie stellen keinerlei Empfehlung oder Bewerbung der beschriebenen oder erwähnten Methoden dar. Dieses Buch erhebt weder einen Anspruch auf Vollständigkeit, noch kann die Aktualität und Richtigkeit der hier dargebotenen Informationen garantiert werden. Dieses Buch ersetzt keinesfalls die fachliche Beratung und Betreuung durch eine Hundeschule. Die Autorin und die Herausgeber übernehmen keine Haftung für Unannehmlichkeiten oder Schäden, die sich aus der Anwendung der hier dargestellten Information ergeben.

Dobermann Erziehung

Hundeerziehung für Deinen Dobermann Welpen

Expertengruppe Verlag

Inhaltsverzeichnis

Über die Autorin 6

Vorwort 7

Was Du über Deinen Dobermann wissen musst 9

Grundpfeiler der Welpenerziehung 14

Was muss Dein Dobermann dafür lernen? 16

Die Grundkenntnisse 18

Wie erreichst Du das? 19

Das Fazit lautet 21

Bevor der Welpe kommt 22

Die Beziehungsperson 23

Die Privilegien 25

Der Zeitfaktor 27

Die ersten Wochen 28

So versteht Dich Dein Welpe 28

So gewöhnst Du ihn ein 30

So baust Du eine Beziehung auf 34

So übst Du Stubenreinheit 38

So trainierst Du die ersten Kommandos 41

Fressen 41

Sitz 44
Platz 46
Übung Auflösen 47
So vermeidest Du unerwünschtes Verhalten 48
Beißen 48
Anspringen 50
Ruhelosigkeit 52
Angst vor dem Autofahren 54
Zerstörungswut 56
Das Training der Grundkenntnisse 59
Die Leinenführigkeit 60
Bei Fuß gehen 63
Der Abruf 67
Bleib 70
Sitz auf Entfernung 74
Etwas Hergeben 76
An- und Ableinen 78
Sonderkapitel Jagdinstinkt 80
Ausreichend beschäftigen 82
Für Ablenkung sorgen 83
Alternativverhalten einstudieren 84
Gehorsam festigen 85
Checklisten für den Start 86

Vorabüberlegungen 87

Hundekauf.. 89

Formalitäten... 91

Einkaufsliste 93

Welpensichere Umgebung.. 94

Fazit 95

Buchempfehlung für Dich 98

Hat Dir mein Buch gefallen? 104

Quellenangaben:...106

Impressum..108

Über die Autorin

Claudia Kaiser lebt zusammen mit ihrem Mann und ihren beiden Hunden Danny (2 Jahre) und Daika (8 Jahre) auf einem alten Gehöft im schönen Rheinland.

Zunächst nur als Hundehalter und nun schon seit über 20 Jahren in der aktiven Hundeausbildung hat sie viele Erfahrungen gesammelt und viele Hundebesitzer auf ihrem Weg in der Dobermann-Erziehung begleitet. Um diese Erfahrungen nicht mehr nur an einen kleinen Kreis von Hundebesitzern in persönlichen Coachings oder der örtlichen Hundeschule weitergeben zu können, entstand die Idee zu diesem Buch.

Nach langer Recherche-, Schreib- und Korrekturarbeit kam schlussendlich dieser Ratgeber dabei heraus. Er soll jedem angehenden Dobermann-Besitzer einen Leitfaden an die Hand geben, um schon im ersten Anlauf in der nicht ganz einfachen Erziehung alles richtig zu machen. Jeder Dobermann ist es wert, schon im ersten Anlauf alles richtig zu machen und die Fehler zu vermeiden, die Claudia selber zu Beginn unterlaufen sind. Sie hat dafür viele Jahre und einige schlechte Erfahrungen benötigt, das soll den Lesern dieses Buches erspart bleiben.

Wer sich an die Tipps und Hinweise in diesem Ratgeber hält, der kann sich sicher sein, dass er viele Jahre lang Freude an einem außergewöhnlich tollen Begleiter haben wird.

Vorwort

Herzlichen Glückwunsch, Du hast die hervorragende Entscheidung getroffen, einen Dobermann-Welpen in Deinem Leben willkommen zu heißen. Und darüber hinaus hast Du beschlossen, diesen Ratgeber zu kaufen. Damit hast Du gleich zwei gute Entscheidungen getroffen.

Ein Welpe ist ein kleines Energiebündel. Mit seiner Tollpatschigkeit, seinem flauschigen Fell und seinem endlosen Vertrauen in Dich, seinen Besitzer, erobert er alle Herzen im Sturm. Dein kleiner Dobermann wird Deinen Alltag erfüllen und schon bald wirst Du Dir ein Leben ohne ihn nicht mehr vorstellen können.

Bevor Du die nächsten Seiten liest, solltest Du wissen, was Dich erwartet. Dieser Ratgeber wird Deinen kleinen Liebling nicht über Nacht in einen wohlerzogenen Hund verwandeln. Dieser Ratgeber zeigt Dir keine Abkürzung zum Erfolg auf. Und das Wichtigste: Das Lesen allein wird nichts verändern. Der Erfolg dieses Ratgebers hängt ganz allein von Dir ab.

Dieser Ratgeber gibt Dir alle Mittel an die Hand, damit Du nicht nur Deinen Freund fürs Leben findest, sondern einen angstfreien, glücklichen und zuverlässigen Dobermann großziehst. Dieses Buch basiert auf sanfter Erziehung aber auch auf festen Regeln und jeder Menge Geduld. Es wird nicht immer leicht sein, konsequent zu bleiben. Besonders dann nicht, wenn Dich die großen, treuen Hundeaugen bittend anschauen. Doch ich kann Dir garantieren, dass es sich langfristig lohnen wird. Nicht nur Du wirst davon profitieren, sondern Dein Dobermann noch viel mehr.

Bist Du bereit, nicht nur die ersten Wochen, sondern sein ganzes Leben viel Zeit und vor allem Liebe in Deinen Dobermann zu investieren?

Dann hast Du die richtige Entscheidung getroffen und kannst jetzt die nächsten Seiten lesen!

Ich wünsche Dir viel Erfolg und von Herzen alles Gute für euch zwei.

Noch ein Hinweis, bevor es los geht: Dieser Ratgeber kann natürlich keine Hundeschule ersetzen, sondern nur einen kurzen Überblick über die wichtigsten Themen verschaffen. Der Besuch einer Hundeschule ist darüber hinaus immer zu empfehlen!

Was Du über Deinen Dobermann wissen musst

Der Dobermann ist eine ganz besondere Hunderasse, die sich deutlich von vielen anderen unterscheidet. In der Hundeerziehung gibt es viele Elemente, die für alle Rassen gleichermaßen gültig sind. Allerdings hat jede Rasse besondere Merkmale und Charakterzüge, die sie einzigartig macht. Und genau diese Eigenschaften sind in der Hundeerziehung wichtig.

Wenn Du Deinen Dobermann optimal erziehen möchtest, ist es wichtig, dass Du ihm nicht nur eine allgemeine Erziehung zugutekommen lässt, sondern eine Erziehungsmethode verwendest, die genau auf ihn zugeschnitten ist. Manche Erziehungselemente sind bei Deinem Dobermann deutlich wichtiger, als beispielsweise bei einem Australian Shepherd. Und genau diese Erziehungselemente werde ich Dir auf den folgenden Seiten vermitteln. Doch jetzt ist es erstmal wichtig, dass Du Deinen Dobermann und seine Eigenheiten genau kennenlernst.

An der Rasse des Dobermanns scheiden sich seit langer Zeit die Geister. Die einen sehen in ihm einen scharfen und überaus gefährlichen Wachhund und die anderen einen zu groß geratenen Schoßhund. Was davon der Wahrheit entspricht, hängt meines Erachtens in aller Regel von der Erziehung und somit von Dir ab. Wahr ist, dass Dobermänner als Schutz- und Wachhunde gezüchtet wurden. Das bösartige und aggressive Image, das in vielen Filmen vermittelt wird, entspricht dieser einzigartigen Rasse nicht im Geringsten. Doch werfen wir erstmal einen Blick in die Vergangenheit.

Beim Dobermann handelt es sich bis heute um die einzige deutsche Hunderasse, die nach ihrem Züchter benannt wurde. Friedrich Louis Dobermann hatte es sich Mitte des 19. Jahrhunderts zum Ziel gesetzt, eine neue kräftige, lebhafte und selbstbewusste Hunderasse zu züchten, die sowohl als Wach- wie auch als Schutzhund geeignet war. Welche Rassen er genau zur Züchtung verwendete, ist leider nicht überliefert worden. Als sicher gilt, dass Deutsche Pinscher, Weimarer und Deutsche Schäferhunde daran beteiligt waren. Ebenso wird jedoch vermutet, dass auch die Dänische Dogge, der Rottweiler, der Beauceron, der Greyhound und einige Terrierrassen in den Dobermann miteingeflossen sind.

Ungeachtet dessen, welche Rassen tatsächlich im Dobermann stecken, war eines relativ schnell klar: Für seine Aufgabe war er perfekt, da er Haus und Hof unerschrocken verteidigte. Dies sprach sich schnell herum und schon zu Beginn des 20. Jahrhunderts war der Dobermann offiziell als Polizeihund in Deutschland anerkannt. Sein eigentlicher Durchbruch als Polizei-, Militär- und Gebrauchshund gelang der Rasse allerdings erst während des ersten und zweiten Weltkrieges. Wurden sie im ersten Weltkrieg fast ausschließlich von den Deutschen eingesetzt, erkannten die Amerikaner schnell das Potential dieser unerschrockenen und zuverlässigen Tiere und setzten sie im zweiten Weltkrieg ebenfalls als Melde-, Mienensuch- und Sanitätshunde ein. Heute wird der Dobermann auf der ganzen Welt immer noch hauptsächlich als Wach- und Schutzhund eingesetzt, doch langsam aber sicher erkämpft er sich auch seinen Platz als Familien- und Gesellschaftshund.

Der Hauptgrund, warum er für diese Aufgabe von vielen Hundeliebhabern trotz seines wunderbaren Charakters nicht in Betracht gezogen wird, liegt sicherlich an seinem beeindruckenden Äußeren. Der kräftige, muskulöse Körper, die elegante Linienführung sowie der Stolz und die Entschlossenheit in seinem Ausdruck wirken auf viele Menschen einschüchternd. Dieser Eindruck wurde lange Zeit noch verstärkt, indem die Ohren und die Rute des Dobermanns kupiert wurden. Dem Welpen wurde dabei kurz nach der Geburt die Rute amputiert und im Alter von wenigen Wochen die Ohren zurechtgeschnitten. Durch einen Klettverband und ein Gestell, das der Welpe über Wochen tragen musste, erhielten die Ohren schließlich ihre stehende und für viele bedrohlich wirkende Form. Den Ursprung hatte das Kupieren jedoch nicht in der Ästhetik der Rasse, sondern im Selbstschutz. Die geringe Angriffsfläche machte es Angreifern schwerer, den Dobermann zu packen zu bekommen und somit abzuwehren.

Heute ist das Kupieren zum Glück in den meisten Ländern aus Tierschutzgründen verboten und das schon seit den 80er und 90er Jahren. Seitdem verleihen die natürlichen Schlappohren dem Dobermann einen deutlich weicheren Ausdruck, der viel besser zu seinem friedfertigen Wesen passt. Einige Züchter und auch Liebhaber der Rasse konnten mit dieser Entscheidung bis heute keinen Frieden finden. Für sie ist ein echter Dobermann nur ein kupierter Hund. Die Praxis wird daher weiterhin betrieben.

Auch wenn die Rasse durch ihre Unerschrockenheit, ihren Mut und ihre Selbstsicherheit in erster Linie immer noch ein Schutz- und Wachhund ist, so möchte ich betonen, dass der Dobermann im Grunde genommen über ein friedliches Wesen verfügt. Wird er von einer verlässlichen und liebenden Bezugsperson aufgezogen, die ihn angemessen erzieht, kommt seine sanfte und verschmuste Seite schnell zum Vorschein. Ich nenne diese Rasse daher mit einem Zwinkern im Auge immer „Kampfschmuser“ und dieser Spitzname ist wirklich Programm. Zu seinen Besitzern baut der Dobermann eine überaus tiefe Bindung auf und ist ihnen treu und loyal. Er ist darüber hinaus sehr anhänglich und kinderlieb. Fremden gegenüber ist er meist eher skeptisch und distanziert. Entgegen der gängigen Meinung stürzt sich ein gut erzogener und sozialisierter Dobermann aber nicht zähnefletschend auf jeden, der ihn schief anschaut oder seinen Menschen zu nahe kommt. Wie die meisten Hunde, wird auch ein Dobermann selten von sich aus aggressiv und erst recht nicht ohne Grund. Auf Kommando – sollte es denn antrainiert sein – ist er allerdings jederzeit bereit, sich und sein Rudel zu verteidigen. Die Entscheidung, wie kampffreudig ein Dobermann wird, liegt daher beim Halter, denn der Hund ordnet sich seiner Bezugsperson komplett unter und spiegelt ihre Wünsche durch sein Verhalten wider. Eine Zwingerhaltung oder das klassische Abrichten mit Zwang, Druck und Bestrafung ist für keinen Hund geeignet, wird aber leider häufig für einen Dobermann als normal angesehen.

Aufgrund ihrer hohen Loyalität zeigen Hunde dieser Rasse eine wirklich gute Führigkeit und Arbeitsfreude. Sie sind extrem lernfähig, überaus neugierig und freuen sich über jede Form der Beschäftigung. Ausreichende Bewegung aber auch geistige Auslastung spielen bei diesen Hunden eine wichtige Rolle.

Der Jagdtrieb ist bei dieser Rasse ebenfalls sehr stark ausgeprägt, daher solltest Du darauf vorbereitet sein, dass er gelegentlich

Katzen und Wildtieren hinterherjagt. Wie Du mit einem jagdbegeisterten Individuum dieser Rasse umgehen kannst, erfährst Du in meinem Sonderkapitel zum Thema Jagdinstinkt am Ende dieses Buches.

Solltest Du Deinen Dobermann noch nicht ausgesucht haben, sondern noch mit dem Gedanken spielen, Dir einen zu kaufen, gebe ich Dir abschließend noch folgenden Tipp:

Beziehe ihn unbedingt von einem seriösen Züchter und informiere Dich genau über diesen und die Elterntiere. Dein Dobermann kann bis zu 13 Jahre alt werden und da ist es wichtig, dass er gesundheitlich gut aufgestellt ist und nicht wegen Überzüchtung schon von Geburt an ein schwieriges Leben haben wird. Schau Dir auch genau an, wie der Züchter seine eigenen Hunde behandelt und ob dies mit den Methoden, die Du in diesem Buch erlernen wirst übereinstimmt. Ein in der frühen Jugend durch den Züchter traumatisierter Hund verlangt ein enormes Erziehungsprogramm und das überfordert die meisten Hundebesitzer.

Daher schau Dir sowohl den Welpen, als auch den Züchter und die Elterntiere ganz genau vor dem Kauf an, damit Deinem glücklichen Leben zusammen mit Deinem Dobermann nicht schon von Anfang an Steine in den Weg gelegt werden.

Grundpfeiler der Welpenerziehung

Über Welpenerziehung gibt es zahlreiche Bücher und noch viel mehr Meinungen. Fast jeder Hundebesitzer macht es anders und Du hast von Deinen Bekannten bestimmt schon viele Tipps erhalten. Da ist es nicht ungewöhnlich, wenn Du Dir selbst schon einmal die Frage gestellt hast, ob Du diese ganze Erziehungssache wirklich so ernst nehmen musst.

Doch die Antwort auf diese Frage lautet ganz klar: „JA“!

Du lebst wahrscheinlich nicht als Einsiedler. Du wohnst in einem Dorf oder einer Stadt und dadurch sind die Freiräume Deines Hundes automatisch eingeschränkt. Dazu kommen die vielseitigen Ablenkungen, die Deinem Hund in der heutigen Welt geboten werden.

Er wird mit anderen Hunden in Kontakt kommen, mit Menschen und Kindern. Du wirst ihn mit zum Einkaufen, Essen oder in den Urlaub nehmen. Du wirst Gäste empfangen und ihn auch mal alleine lassen.

Und für all das ist es wichtig, dass Dein Dobermann zuverlässig ist. Er muss mit seiner Umwelt zurechtkommen. Er darf keine Angst vor Lärm, Menschen oder Neuem haben. Er darf nicht aggressiv reagieren und muss sich vollkommen auf Dich als seinen Rudelführer verlassen können.

Hat er von Dir eine gute Erziehung erhalten, wird sich euer beider Leben deutlich angenehmer und entspannter gestalten. Dein

Hund wird weniger gestresst sein und erfährt dadurch spürbar mehr Freiheiten. Beispielsweise wird Dein Dobermann häufiger frei laufen können, da Du weißt, dass er jederzeit auf Zuruf zu Dir kommt. Und Du wirst Dein Haus mit einem guten Gefühl verlassen können, ohne in der Angst zu leben, was er dieses Mal wieder zerstören wird.

Und ein weiterer Vorteil: Du wirst die Vorurteile gegen schlecht erzogene und aggressive Dobermänner abbauen und damit zu einem besseren Image von Herrchen und Hund beitragen.

Was muss Dein Dobermann dafür lernen?

Die meisten Hundebesitzer glauben, dass es ausreicht, wenn ihr Hund zu ihnen kommt, wenn sie ihn rufen und er nicht an der Leine zieht. Das sind zwei sehr wichtige Lektionen. Sie alleine reichen jedoch nicht aus. Und noch wichtiger, der Abruf ist eine der herausforderndsten Übungen. Damit ist nicht gemeint, dass Dein Dobermann zu Dir läuft, wenn Du ihm in der Wohnung ein Leckerchen vor die Nase hältst. Den Abruf hast Du erst gemeistert, wenn Dein Dobermann auch im Spiel mit anderen Hunden anstandslos zu Dir kommt, wenn Du ihn rufst. Das heißt, selbst bei der größten Ablenkung muss er sofort alles andere ignorieren und zu Dir laufen. Dann habt ihr den Abruf gemeistert.

Vielleicht wirst Du von anderen Hundehaltern belächelt werden, aber „ein bisschen" Gehorsam wird nicht ausreichen. Wenn Du Deinem Dobermann im Alltag nichts abverlangst und Du ihn mehr oder weniger machen lässt, was er will, wieso soll er dann in anderen Momenten auf Dich hören? Insbesondere wenn er gerade mit anderen Hunden spielt, etwas Spannendes gerochen oder einfach keine Lust hat?

Es ist wichtig, dass Du das Wesen Deines Hundes verstehst, bevor Du mit der Welpenerziehung beginnst. Auch wenn man es ihm nicht mehr ansieht, so stammt auch der Dobermann von Wölfen ab. Und Wölfe leben in einem Rudel. Trotz der Jahrhunderte an Züchtung leben die Urinstinkte des Wolfsrudels immer noch in jedem Dobermann fort.

Das heißt für Dich: In einem Rudel gibt es klare Strukturen und eine feste Rangordnung. An der Spitze steht der Rudelführer. Dieser zeichnet sich durch Selbstsicherheit aus, er übernimmt Verantwortung und er weiß immer, was er will. Er achtet auf die Einhaltung der Disziplin und duldet keinen Ungehorsam und das nicht nur manchmal, sondern nie.

Hat Dein Dobermann das Gefühl, dass Du dieser Rolle nicht gewachsen bist, wird er sie einnehmen wollen. Doch damit wird er überfordert sein. Dazu kommt, dass er viele Gefahren nicht richtig einschätzen kann und sich dadurch selbst in Gefahr bringt. Hierzu gehört zum Beispiel, dass er die Gefahr eines heranfahrenden Autos oder auch die Langzeitfolgen von menschlichem Essen auf seinen Körper nicht kennt. Du aber schon. Deshalb ist es unabdinglich, dass Du die Rolle des Rudelführers einnimmst, auch wenn es schwer wird und Du belächelt wirst.

Die gute Nachricht ist: Die Grundausbildung, die Dein Dobermann als durchschnittlicher Familienhund verinnerlichen muss, ist überschaubar. Darüber hinaus sind die Methoden dazu keine Raketenphysik und von jedem zu meistern, der willig ist.

Die Grundkenntnisse

Zu den notwendigen Grundkenntnissen – neben dem Abrufen und dem an der Leine gehen – gehören folgende vier:

1. Dein Hund muss sich auf Kommando setzen und auf Kommando hinlegen.
2. Als Steigerung muss er beides auch auf Abstand mit Dir fortsetzen auch wenn Du außer Sichtweite bist.
3. Er darf sich erst wieder rühren, wenn Du es erlaubst.
4. Und zuletzt muss Dein Hund einige Stunden allein bleiben können, ohne ein Chaos zu veranstalten oder lauthals zu bellen.

All diese Kenntnisse muss er nicht nur im Schutz der eigenen vier Wände meistern, sondern auch draußen und unter großer Ablenkung durch andere Menschen, Hunde, laute Geräusche oder verführerische Gerüche.

Beherrscht Dein Dobermann zusätzlich noch, dass Deine Lebensmittel und Betteln am Tisch für ihn verboten sind, dass Anspringen tabu ist und Sachen anknabbern sich nicht gehört, seid ihr einen großen Schritt weiter.

Wie erreichst Du das?

Keine Angst, Du wirst Deinen Hund nicht abrichten müssen. Das entspricht mitnichten einer zeitgerechten Hundeerziehung. Vielmehr orientiert sich dieser Ratgeber an zwei Säulen:

Der operanten und der klassischen Konditionierung.

Die operante Konditionierung besagt nichts anderes, als dass Dein Dobermann ein Verhalten, das sich für ihn lohnt, lieber zeigen wird, als ein anderes. Gleichzeitig wird er ein Verhalten, mit dem er etwas Unangenehmes verbindet, eher meiden. Erhält er beispielsweise ein Leckerchen, wenn er sich setzt, verknüpft er dieses positiv. Erklingt ein lautes überraschendes Geräusch, wenn er gerade Dein Wurstbrot ergaunern möchte, wird er es beim nächsten Mal lassen.

Als Schlussfolgerung wirst Du auf den nächsten Seiten lernen, wie Du gewünschtes Verhalten positiv bei Deinem Dobermann verknüpfst und unerwünschtes negativ. Das Ganze kommt selbstverständlich ohne Maßregelungen aus und basiert stattdessen ausschließlich auf konsequentem Handeln und richtiger Verknüpfung.

Im Gegensatz dazu fundiert die klassische Konditionierung auf der Eigenschaft Deines Dobermanns, von selbst zu lernen. Er wird Dich genau beobachten und auf gleichbleibende Abfolgen achten. Erkennt er diese, wird er ein bestimmtes Verhalten aufweisen. Ziehst Du zum Beispiel immer das gleiche Paar Schuhe an, bevor Du mit ihm Gassi gehst, wird er sich mit der Zeit nicht erst freuen, wenn ihr zwei losgeht oder die Haustür geöffnet wird, sondern schon, wenn Du die Schuhe anziehst.

Die klassische Konditionierung zeigt, wie wichtig klare Abläufe und Strukturen für Deinen Dobermann sind. Allein dadurch werden schon bestimmte Verhaltensmuster aktiviert, wenn Du sie nur oft genug wiederholst.

Das Fazit lautet

Es reicht nicht aus, mal Gehorsam einzufordern und mal nicht. Um das Ziel eines glücklichen Zusammenlebens zu erreichen, muss Dir Dein Hund in allen Belangen folgen. Du musst seine Hundenatur anerkennen und Dich bewusst als souveränes Leittier verhalten.

Gewünschtes Verhalten wirst Du belohnen und ungewünschtes negativ verknüpfen. Durch geregelte Abläufe wird Dein Dobermann von selbst Muster erkennen und dementsprechend handeln.

Wichtig ist, dass Du konsequent handelst, den Unterricht systematisierst, regelmäßig übst, alles stetig wiederholst und Verknüpfungen unvermittelt erkennst.

Bevor der Welpe kommt

Die Vorbereitungen des Welpentrainings beginnen schon, bevor Dein kleiner Dobermann bei Dir einzieht. Ein Teil besteht darin, diesen Ratgeber gründlich durchzuarbeiten und ihn am besten mehr als einmal zu lesen. Anschließend geht es darum, ein paar Entscheidungen zu treffen und damit Grundlagen für eure zukünftige Beziehung zu legen. Diese sind wie folgt:

Die Beziehungsperson

Der erste Punkt, der bestimmt werden muss, ist, wer die Beziehungsperson des Kleinen darstellt. Diese Aufgabe ist überaus verantwortungsvoll, zeitintensiv und herausfordernd. Aus diesem Grund sollte sie nicht von einem Kind übernommen werden. Selbst, wenn es noch so gut gemeint ist, für Deinen Dobermann wird es nicht das Beste sein. Welpen nehmen Kinder häufiger als Kumpanen und Spielkameraden wahr, aber nicht als Leittier, an dem sie sich orientieren können.

Aufgabe der Beziehungsperson ist es nicht nur, den Großteil der Erziehung zu übernehmen. Die Haupteigenschaften in der Rolle sind Souveränität und Autorität. Die Beziehungsperson eines Hundes ist dafür verantwortlich, Gefahren frühzeitig zu erkennen und in jeder Situation auf die Einhaltung der Regeln zu achten und Sicherheit auszustrahlen. Außerdem übernimmt sie die Fütterung und achtet auf das Rudel.

Eine der schwierigsten Aufgaben ist es wahrscheinlich, darauf zu achten, dass Handlungsaufforderungen nicht überwiegend von Deinem Dobermann ausgehen. Damit sind beispielsweise Schmuse- oder Spielaufforderungen gemeint. Kein Leitwolf in einem Rudel würde auf so eine Aufforderung reagieren. Selbst wenn Du Lust auf diese Aufforderung hast, solltest Du nicht darauf eingehen. In einem Rudel bestimmt der Leitwolf, wann was gemacht wird. Unbewusst reagieren jedoch die meisten Hundebesitzer darauf, wenn sich ihr Liebling an sie schmust und streicheln automatisch.

Als Beziehungsperson ist es wichtig, dass Du ständig dein Verhalten gegenüber Deinem Dobermann in Frage stellst. Wie bei allem anderen schleichen sich Nachlässigkeiten langsam ein.

Die Privilegien

Ist die Beziehungsperson bestimmt, ist der nächste Schritt die Festlegung der Privilegien. Du solltest schon vorher festlegen, wie Du die Beziehung mit Deinem Dobermann gestalten möchtest. Dazu gehört auch, was Du ihm erlauben möchtest und was nicht.

Besonders wichtig ist dieser Teil, wenn Du von Natur aus nicht sehr autoritär bist oder Dich jetzt schon vor der Position des Rudelführers fürchtest. Wenn das der Fall ist, solltest Du auf jeden Fall die Privilegien sorgfältig überdenken und auf die indirekten Rangeinweisungen zurückgreifen.

Viele Hundebesitzer machen sich keine Gedanken darüber, was es bedeutet, wenn ihr Hund als erstes essen oder auf der Couch und im Bett liegen darf. Doch all das sind Privilegien, die in einem Rudel ausschließlich dem Rudelführer zukommen. Einige werden Dich dafür belächeln und Dich nicht verstehen, doch um Deine Rangposition zu unterstreichen, ist es mehr als hilfreich, wenn Dein Dobermann immer als Letzter zu essen bekommt. Die erhöhten Liegeplätze sind für ihn tabu, denn diese stehen nur den ranghöchsten Rudelmitgliedern zu.

Zudem kann es helfen, Räume zu bestimmen, die Dein Dobermann nicht betreten darf. Hierfür bieten sich zum Beispiel die Küche, das Bad und/oder das Schlafzimmer an. Für Dich werden diese Vorgaben vielleicht hart klingen. Doch denk daran, Dein Hund ist kein Mensch und er denkt nicht wie ein Mensch. Für ihn sendest Du sich widersprechende Signale aus, wenn Du einmal seinen Gehorsam forderst und ihn im nächsten Moment auf dem

Platz des Rudelführers schlafen lässt oder ihm die Ehre des ersten Bissens zuteilwerden lässt.

Widersprüchliche Signale führen auf Dauer dazu, dass sich Dein Dobermann unsicher fühlt. Er wird anfangen, das zu tun, was er für richtig hält, denn er hat niemanden, an dem er sich zuverlässig orientieren kann. Je öfters er Erfolg hat, desto stärker prägt sich das Verhalten durch die operante Konditionierung ein.

Wichtig bei den Privilegien und auch bei allen anderen Regeln für Deinen Vierbeiner ist: Sie müssen konsequent von allen Familienmitgliedern und auch von Besuchern eingehalten werden.

Der Zeitfaktor

Als dritten und letzten Punkt musst Du entscheiden, wie viel Zeit Du bereit bist, in Deinen neuen Lebenspartner zu investieren. Die meisten Hundehalter unterschätzen den Zeitaufwand, den eine erfolgreiche Welpenerziehung erfordert und legen damit schon früh die Weichen für spätere Verhaltensauffälligkeiten ihres Hundes.

Damit Dir das nicht passiert, solltest Du Dir im Klaren sein, dass eine gute Welpenerziehung Zeit erfordert und zwar viel Zeit. Dein kleiner Dobermann wird die ersten Wochen und Monate nicht lange allein sein können. Außerdem muss er wahrscheinlich alle 2 Stunden die Möglichkeit erhalten, sich zu erleichtern und jemand muss konsequent auf das achten, was er macht, damit sich keine schlechten Verhaltensmuster einschleichen.

Die ersten Wochen sind mit die wichtigsten für euer späteres Zusammenleben. Daher solltest Du Dir in dieser Phase so viel Zeit für Deinen kleinen Dobermann freischaufeln, wie möglich ist. Solltest Du berufstätig sein, dann nimm Dir ein paar Wochen Urlaub. Der allseits bekannte Spruch „Was Hänschen nicht lernt, lernt Hans nimmer mehr“ gilt ebenfalls für die Hundeerziehung. All das, was Du in den ersten Wochen und Monaten versäumst, Deinem Hund beizubringen, wird später umso schwieriger.

Die ersten Wochen

So versteht Dich Dein Welpe

Um die Erziehung schon vom ersten Tag an erfolgreich zu gestalten, ist es wichtig, dass Dein Dobermann und Du die gleiche Sprache sprechen. Denn Dein kleiner Vierbeiner achtet nicht auf das, was Du sagst, sondern viel mehr auf Deine Stimme und Deine Körpersprache. Aus diesem Grund sollten beide die richtigen Signale aussenden. Wie Du das machst, lernst Du jetzt!

Eigentlich ist es ganz einfach: Möchtest Du, dass Dein Hund Dich beachtet, dann spreche in einer spannenden und freudigen Stimme mit ihm. Bewege Dich dazu entschlossen und auffordernd. Möchtest Du, dass Dein Hund ruhiger wird, dann passe dementsprechend Deine Stimme an und bewege Dich ruhig und langsam.

Ebenso wichtig, wie Stimme und Körpersprache, ist das Timing. Entgegen vielfacher Behauptung von Hundebesitzern, wird Dein Dobermann niemals in der Lage sein, Deine Sprache wortwörtlich zu verstehen. Er zieht lediglich Rückschlüsse aus Stimme, Körpersprache und dem, was unmittelbar davor passiert ist.

Das heißt für Dich: Möchtest Du Deinen Dobermann loben, so muss es sofort erfolgen, wenn er das erwünschte Verhalten gezeigt hat. Das Gleiche gilt natürlich für die Zurechtweisung. Wie sieht das im Einzelfall aus?

Angenommen, Dein kleiner Welpe hat etwas falsch gemacht und beispielweise einen Schuh zerbissen. Du siehst das und rufst ihn erzürnt zu Dir. Der kleine kommt angelaufen und erhält von Dir eine schimpfende Tirade, dass es sich nicht gehört, Schuhe zu zerbeißen. Was speichert sich bei Deinem Welpen ab? Er bekommt Ärger, wenn er zu Dir läuft. Was zur Folge hat, dass er es sich das nächste Mal genau überlegen wird, ob er nochmal kommt, wenn Du ihn rufst. Die Wörter, sprich die Strafpredigt, kommen nicht bei ihm an. Aber er spürt, dass Du, wenn er zu Dir kommt nicht zufrieden damit bist.

Umgekehrt geht es genauso. Dein kleiner Welpe hat sich brav hingesetzt und Du mochtest ihn loben. Doch direkt nach dem hinsetzten, hat er sich bereits wieder hingestellt und Du gibst in daraufhin trotzdem das Leckerchen. Was verknüpft der Kleine? Nicht, dass er das Leckerchen fürs Hinsetzen bekommen hat.

Achte daher immer genau darauf, wann du lobst und tadelst. Das gilt natürlich nicht nur für einen Welpen, sondern ebenfalls für Deinen erwachsenen Dobermann.

Kleiner Tipp: Du solltest die Leckerchen, die Du zum Üben einsetzt, immer von der Futtermenge abziehen. Da auch große Hunde sehr schnell zu Übergewicht neigen, kann ich Dir das nur ans Herz legen. Außerdem empfiehlt es sich, dass er beim Üben hungrig genug ist, das erhöht seine Bereitschaft mitzuarbeiten deutlich. Und zu guter Letzt solltest Du Dir angewöhnen, Leckerchen nicht grundlos zu verteilen. Dein Dobermann sollte von Anfang an wissen, dass sie etwas Besonderes sind und er sie sich erarbeiten muss.

So gewöhnst Du ihn ein

Es ist so weit. Endlich darfst Du Deinen Dobermann bei seinem Züchter abholen. Zu empfehlen ist, dass Dich mindestens **eine weitere Person begleitet**. So kann diese sich beispielsweise ums Fahren und Du Dich in Ruhe um den Welpen kümmern. Außerdem solltest Du gut vorbereitet starten. Führe ein Halsband, die Leine, eine Decke und besser auch etwas Küchenpapier mit Dir. Es kann immer passieren, dass es Deinem kleinen Dobermann schlecht wird.

Je nachdem, wie lange die Fahrt dauert, solltest Du **Wasser mitnehmen** und spätestens nach einer Stunde eine **Pause einlegen**, damit sich der Kleine erleichtern kann. Am besten ist es, wenn ihr nicht zu spät am Tag im neuen Zuhause ankommt. So hat Dein Dobermann noch die Möglichkeit, sein neues Zuhause genauestens zu erkunden, bevor er zum ersten Mal in seinem Leben ohne seine Geschwister und Mutter übernachten muss.

Mein **Geheimtipp** ist, dass ich die Hundedecke schon ein paar Wochen früher zum Züchter bringe und ihn bitte, diese im Welpenbereich auszulegen. Diese kleine Geste hat den enormen Vorteil, dass Dein kleiner Dobermann bei Dir Zuhause schon etwas Vertrautes wahrnimmt, das er kennt und das nach seiner Familie riecht. Gerade in den Nächten wird er sich damit deutlich wohler fühlen.

Daheim angekommen, lässt Du Deinen Dobermann am besten zuerst ins Freie, entweder in den eigenen Garten oder auf eine Wiese in der Nähe Deiner Wohnung. Suche Dir diesen Platz gewissenhaft aus. Denn viele Hunde neigen dazu, immer den gleichen Platz zur Erleichterung zu benutzen und Du setzt den Grundstein dafür, indem Du ihm schon beim Ankommen eine „gute Stelle" zuweist. Das sollte keine Stelle sein, an der Du Dich selbst gerne aufhältst oder die häufig von Deiner Familie genutzt wird.

Anschließend geht's ab in Dein Haus oder Deine Wohnung. Gerade in der ersten Woche ist es wichtig, **für Ruhe zu sorgen** und Deinen Kleinen etwas abzuschirmen. Verwandte und Freunde freuen sich bestimmt ebenso auf Dein neues Familienmitglied, doch die Bedürfnisse Deines Vierbeiners gehen vor. Gib ihm die Möglichkeit, seine neue Umgebung erst ein paar Tage lang intensiv kennenzulernen, bevor Du ihn mit neuen Reizen und Eindrücken in Verbindung bringst. Später ist immer noch genügend Zeit, um ihn allen anderen vorzustellen.

Zeige ihm sein neues Zuhause. Zeige ihm, wo sein Futternapf steht, wo seine Decke - sprich sein Rückzugsraum - ist und wo sein Spielzeug liegt. Und dann heißt es beobachten, denn jeder Hund reagiert anders auf diese für ihn vollkommen neue Situation.

Ist er müde und will er sich zurückziehen? Hat er Hunger oder Durst? Oder hast Du ein ganz mutiges Exemplar, das direkt zum Spielen aufgelegt ist? Passe Dich an ihn an und zwinge ihn zu nichts. Gerade beim ersten Kennenlernen der Wohnung kannst Du noch einmal überprüfen, ob Du diese auch wirklich **„hundesicher"** umgestaltet hast. Denn Dein kleiner Dobermann wird Dir schon in den ersten Tagen zeigen, ob er noch an Kabel rankommt, der Gartenzaun wirklich dicht ist oder irgendwo noch eine verführerische Pflanze herumsteht.

Die Eingewöhnung in der ersten Woche reicht für Deinen Welpen schon an Training aus. Das Einzige, was Du in dieser Woche schon an Erziehung beginnen solltest, ist die **Gewöhnung an seinen Namen.** Was so einfach klingt, wird von vielen unterschätzt. Denn auch hier gilt: Dein Hund weiß nicht, was ein Name ist und schon gar nicht, dass bestimmte Laute, die Du von Dir gibst für ihn gedacht sind. Was er jedoch kennt ist die operante Konditionierung, die wir in einem vorherigen Kapitel schon besprochen haben.

Nachdem Du einen passenden Namen ausgewählt hast, dieser sollte übrigens nicht zu lang sein, dafür aber markant und gut zu betonen sein, beginnt die Konditionierung. Spreche seinen Namen immer freundlich und in glücklicher Stimmlage aus und verknüpfe ihn direkt mit etwas Positivem, beispielsweise einer Streicheleinheit. Oder Du rufst seinen Namen und zeigst ihm etwas Interessantes, wie sein Spielzeug. So lernt Dein kleiner Dobermann von ganz alleine, dass die Nennung seines Namens für ihn immer etwas Positives zu bedeuten hat.

Begehe nicht den Fehler, seinen Namen grundlos zu verwenden und ihn andauernd damit voll zu texten. So verliert der Name jedwede Bedeutung und Du wirst Dich wundern, warum Dein Dobermann nicht auf Dich reagiert.

Merke Dir daher: Der Name Deines Dobermanns wird nur dosiert und immer in positiver Verknüpfung von Dir verwendet. Das gilt für sein ganzes Hundeleben.

Noch wichtiger, als das Volltexten zu vermeiden, sind die negativen Verknüpfungen. Weise Deinen Hund niemals mit seinem Namen zurecht, denn er wird ihn sofort negativ verknüpfen. Brülle niemals seinen Namen um ihn von etwas abzuhalten. Dafür ist das Wort „Nein“ in der Welpenerziehung gedacht. Wenn Du dies nicht beachtest, wird es Deinen Dobermann automatisch dazu veranlassen, Dich zu meiden, wenn Du seinen Namen rufst und das willst Du nicht, oder?

So baust Du eine Beziehung auf

Ich habe bereits am Anfang des Buches beschrieben, wie wichtig die Beziehungsperson für Deinen Welpen ist. Doch wie wirst Du zu dieser Person? Denn es reicht nicht aus, einfach nur zu sagen, dass Du jetzt die Beziehungsperson bist. Um eine echte Bindung aufzubauen, wirst Du in den nächsten Wochen möglichst viel Zeit mit ihm verbringen müssen. Er muss sich an Dir orientieren, Dich respektieren und Dir vertrauen.

Das bewährteste Mittel, um eure Bindung zu verstärken, sind sogenannte **Bindungsspaziergänge**. Diese führt ausschließlich die Beziehungsperson und sie sollten in den ersten 16 Wochen nicht länger als 5 bis 15 Minuten andauern. Am Anfang reicht auch schon ein Bindungsspaziergang am Tag vollkommen für Deinen Welpen aus, denn Du willst ihn ja nicht mit neuen Reizen überfluten.

Das Gute an dieser Form der Spaziergänge ist, dass Du den **natürlichen Nachfolgeinstinkt** Deines Vierbeiners, der in den ersten Wochen besonders stark ist, ausnutzt. Ein Hundewelpe weiß instinktiv, dass er alleine nicht überleben kann und sucht daher immer den Anschluss. Setzt Du die Spaziergänge daher gezielt ein, lernt er automatisch und sehr nachdrücklich, dass er immer auf Dich achten muss.

Wie sieht nun der optimale Bindungsspaziergang aus?

Bringe Deinen Welpen ins Grüne. Suche Dir eine ruhige Wiese, auf der Dein kleiner Dobermann weder von anderen Hunden, noch von Menschen oder Autos abgelenkt wird. Er soll sich voll und ganz auf Dich konzentrieren können. Nimm ihn daher und setzte ihn auf die Mitte der Wiese. Dann gehst Du los. Nicht zu schnell, aber auch nicht zu langsam. Ist Dein Dobermann eher von der schüchternen Sorte, dann kannst Du ihn bei den ersten Schritten noch mit ein paar fröhlich klingenden Worten locken, danach sagst Du aber bitte nichts mehr.

Du wirst sehen, er wird Dir von alleine folgen. Sorge dafür, dass er sich bemühen muss, den Anschluss an Dich zu halten und wechsle alle paar Meter die Richtung. Achte hierbei auf Deine Körpersprache. Sie muss entschlossen sein und Du musst Dich ohne zu zögern bewegen. Beginnt Dein Welpe, an Dir vorbei zu laufen und nicht mehr auf Dich zu achten, musst Du ihm zeigen, dass dieses Verhalten Folgen hat. Wechsle sofort um 180 Grad die Richtung und gehe ohne zu zögern und im strammen Schritt weiter.

Aufgrund des Nachfolgeinstinkts wird Dir Dein Welpe schon nach wenigen Augenblicken folgen. Wie bei allem, ist auch bei dieser Übung die konsequente Durchführung das A und O. Übe einmal täglich 5 bis 15 Minuten und achte genau auf das, was Dein Vierbeiner macht. Beachtet er Dich nicht, dann sorge durch einen Richtungswechsel dafür, dass er es tut. Wenn ihr mit dem Training fertig seid, dann nimm ihn wieder auf den Arm und trage ihn ins Auto.

Neben den Bindungsspaziergängen haben sich darüber hinaus **Erkundungsausflüge** sehr bewährt. Welpen sind von Natur aus sehr neugierig und Dobermänner erst recht. Integriere daher kleine Abenteuer in der Natur in euren Alltag, die Deinen Kleinen nicht nur motorisch fördern, sondern auch seine angeborene Neugier befriedigen.

Ein Beispiel für einen Erkundungsausflug ist das Durchwaten eines seichten Baches oder das Erkunden eines Blätterhaufens. Laufe gemeinsam mit Deinem Welpen über einen umgefallenen Baumstamm oder balanciert über eine Mauer. Achte dabei aber bitte darauf, dass Du ihn nicht überforderst oder zu etwas zwingst, was er nicht will. Sollte Dein Dobermann furchtsam sein, dann locke ihn mit Leckerchen auf den Baumstamm. Wichtig ist, dass die Entscheidung von ihm ausgeht. Hier kannst Du gerne auch schon kleinere Fortschritte belohnen und ihn langsam an etwas Neues heranführen.

Der dritte Baustein für einen erfolgreichen Bindungsaufbau ist die **Fellpflege**. Zwar benötigt das dünne Welpenfell noch keine intensive Pflege, doch es ist ratsam, den kleinen Rabauken schon früh daran zu gewöhnen. Bei Deinem Dobermann wird zunächst ein einfacher Massagehandschuh ausreichen, mit dem Du ihm Haut und Haare massieren kannst. Die meisten Dobermänner lieben das und so wird er die Fellpflege gleich positiv verbinden.

Gewöhne ihn direkt daran, dass Du gleich mehrmals die Woche nicht nur sein Fell, sondern auch seine Augen, Ohren, Pfoten und Lefzen kontrollierst. Ich rate Dir außerdem, ihn schon früh daran zu gewöhnen, dass Du seine Pfoten abwischst, wenn er schmutzig ist. Wiederhole das zu Übungszwecken auch ohne das es erforderlich ist.

Sollte Dein Dobermann mal protestieren, dann mach unbeeindruckt weiter. Bleib ruhig und ignoriere sein Abwehrverhalten. Nach kurzer Zeit wird er die Pflege tolerieren. Natürlich kannst Du ihn für sein geduldiges Aushalten im Anschluss mit einem Leckerchen oder seinem Spielzeug belohnen.

So übst Du Stubenreinheit

Stubenreinheit ist für die meisten Hundebesitzer eine der Eigenschaften, die ihr Hund am schnellsten beherrschen sollte. Doch leider begehen hier viele schwerwiegende Fehler, die die Mensch-Hund-Beziehung dauerhaft negativ beeinträchtigen können. Damit Dir das nicht passiert, erfährst Du jetzt, wie es richtig geht und was das absolute No-Go ist.

Wie bereits in einem früheren Kapitel beschrieben, musst Du Dir am Anfang sehr viel Zeit für Deinen Welpen nehmen. Behalte ihn in der Nähe und lass ihn nicht aus den Augen. Sobald er Anzeichen zeigt, dass er sich erleichtern muss, in der Regel fängt er stark an zu schnuppern und dreht sich im Kreis, wird es höchste Zeit, dass Du ihn rausbringst. Oft hast Du dann keine Zeit mehr, ihn erst noch zu rufen, denn dann ist das Malheur meistens schon geschehen. Schnapp ihn Dir sofort und trage ihn raus.

Lobe ihn anfangs überschwänglich, wenn er sich draußen erleichtert. Außerdem empfiehlt es sich, immer ein bestimmtes Hörzeichen zu geben, wenn sich Dein Welpe erleichtert, beispielsweise »Zack Zack« oder »Beeil dich«. Das hat später den Vorteil, dass ihn das Hörzeichen schon dazu bewegen wird, sich zu erleichtern. Was sehr praktisch für Dich sein kann, insbesondere, wenn Du es mal eilig hast.

Praktisch ist es auch, dass Welpen dazu neigen, in bestimmten Situationen Wasser lassen zu müssen. So kannst Du proaktiv sein und ihn vorsorglich schon rausbringen. Das ist zum Beispiel nach dem Fressen oder Spielen der Fall oder wenn er gerade aufgewacht ist. Hier empfiehlt es sich, direkt im Anschluss kurz nach draußen zu gehen. Je weniger Dein Hund die Möglichkeit erhält, sich in der Wohnung zu erleichtern, desto schneller wird er lernen, dass es ausschließlich draußen erwünscht ist.

Sei nicht überrascht, wenn Dein Dobermann vor Aufregung schon mal einen sogenannten „Begrüßungstropfen" abgibt, wenn Besuch kommt. Das ist ganz normal. Weißt Du im Vorhinein, dass Gäste kommen, solltest Du unmittelbar davor noch einmal gemeinsam den Erleichterungsplatz aufsuchen.

Um zu verhindern, dass es nachts zu kleineren Malheuren kommt, empfehle ich Dir, den kleinen Dobermann zunächst in einer Hundebox oder Kiste schlafen zu lassen. Hunde jedweder Rasse haben ein Problem damit, sich an der Stelle zu lösen, wo sie schlafen. Deinem Welpen wird es ebenso gehen und daher wird er unruhig werden oder sogar Laut geben, wenn es bei ihm soweit ist. Das verschafft Dir die Möglichkeit, frühzeitig zu reagieren und ihn raus zu tragen. Muss ein Welpe tagsüber ungefähr alle 2 Stunden raus, so wirst Du feststellen, dass sein Rhythmus abends deutlich ausgedehnter ist. Dennoch kann es gut möglich sein, dass Du ein- bis zweimal auch des Nachts mit ihm raus musst. Sei daher darauf vorbereitet und hab Schuhe und Jacke schon direkt an der Haustür parat stehen.

Das absolute No-Go bei der Erziehung Deines Welpen ist die Kombination einer Zurechtweisung mit einem Malheur. Denk daran, was ich schon öfters erklärt habe. Dein Dobermann ist kein Mensch und denkt auch nicht wie ein Mensch. Er wird weder Deine Bestrafung noch Deine Strafpredigt verstehen. Wenn Du ihn ausschimpfst, weil er eine Pfütze im Wohnzimmer hinterlassen hat, wird er niemals verstehen, dass Du sauer bist, weil er es drinnen und nicht draußen getan hat.

Für ihn ist die einzig logische Schlussfolgerung: Mein Herrchen ist sauer, weil ich mich erleichtert habe, also werde ich mich in seiner Gegenwart nicht mehr erleichtern. Und das ist etwas, was Du auf keinen Fall im Unterbewusstsein Deines Welpen dauerhaft festigen möchtest.

Passiert ein Malheur, so ist es geschehen und Du kannst nichts daran ändern. Weder Zurechtweisung noch Lob ist hier angebracht. Das Malheur wird beseitigt und das ohne eine Reaktion von Dir.

So trainierst Du die ersten Kommandos

Fressen

Wie am Anfang des Kapitels beschrieben, solltest Du die erste Woche noch auf Training verzichten. Doch danach kannst Du gut dosiert mit der Erziehung Deines Welpen starten. Ich empfehle als Startübung den systematischen Aufbau der Fütterung. Diese Übung hat gleich mehrere Vorteile: Zum einen erhöht sie die Bindung an Dich, da Du für die **Fütterung** zuständig bist. Zum anderen verringert sie die Gefahr, dass Dein Dobermann sein Essen vor Dir verteidigt und legt die Grundlage für das Abruf-Kommando.

Am besten verbindest Du diese Übung zusätzlich noch mit einer indirekten Rangeinweisung, indem Dein Dobermann immer als Letzter sein Essen erhält. Ist es dann endlich für ihn soweit, gehst Du wie folgt vor:

1. Ein Mitglied Deiner Familie hält den Welpen in kurzer Distanz zu seinem Futterplatz fest.
2. Du bereitest währenddessen seine Mahlzeit zu. Stelle dabei sicher, dass er das auch merkt. Sobald Du seine Aufmerksamkeit hast, wird er unbedingt zu Dir gelangen wollen, was die ideale Übungsvoraussetzung ist.
3. Ist das Essen fertig, hockst Du Dich hin und hältst den Futternapf vor Dich. Sobald Du die Position eingenommen hast und Deinem Gegenüber ein Zeichen gibt, lässt dieser den Welpen los. Bewegt

sich dieser auf Dich und den Napf zu, gibst du sofort das Abrufkommando »Hier«.
4. Der Welpe stürmt jetzt auf Dich zu. Sobald er ganz bei Dir angekommen ist, lobst Du ihn und stellst den Napf vor Dir ab und der Kleine darf schlemmen.

Diese Übung wiederholst Du bei jeder Mahlzeit, was bei einem Welpen drei- bis viermal am Tag der Fall ist. Abfolge und vor allem das Timing beim Geben des Abruf-Kommandos sind von großer Bedeutung.

Beherrscht Dein Welpe nicht nur diese Übung, sondern darüber hinaus auch noch das Sitz-Kommando, solltest Du die Fütterungsübung noch durch das **Warten vor dem Fressnapf** ergänzen.

Hierbei gehst Du bei Punkt 1-3 genauso wie eben beschrieben vor. Ab dem vierten Punkt wandelst Du die Übung folgendermaßen ab:

4. Der Welpe stürmt auf dich zu. Du lobst ihn diesmal nicht, sondern gibst ihm sobald er bei Dir angekommen ist das Sitz-Kommando.
5. Erst wenn der Welpe sitzt, stellst Du Den Napf ab.
6. Wichtig: Essen darf der Kleine jetzt noch nicht. Er muss erst ein paar Augenblicke ausharren, bevor Du ihm mit »Essen« das Auflösungszeichen für diese Übung gibst.

Die Zeit, in der Dein Welpe vor seinem Fressen ausharren muss, solltest Du von Mal zu Mal variieren. Am Anfang sollten es nur wenige Augenblicke sein. Später kannst Du aber ruhig auch mal kurz etwas wegräumen oder abwischen.

Wenn Du diese Übung konsequent bei jeder Mahlzeit Deines Hundes durchziehst, wird eure Beziehung auf einer ganz anderen Grundlage errichtet, als die der meisten Hundebesitzer. Ich kann Dir aus eigener Erfahrung sagen, dass Du für diese Konsequenz von anderen Haltern ausgelacht wirst. Nicht wenige werden es gar als Quälerei bezeichnen. Aber das ist es nicht. Denke immer daran, dass Dein Dobermann kein Mensch ist. Im Rudel gibt das Leittier das Zeichen, wann wer essen darf. Für ihn ist es also normal.

Außerdem wirst Du selbst spüren, wie es eure Bindung stärkt und er Dich als Autorität wahrnimmt. Zu dem wirst Du so niemals das Problem haben, dass Dein Hund knurrt, wenn Du an sein Essen gehen willst, denn er weiß ganz genau, dass Du die Hoheit darüber hast.

Sitz

Kommen wir jetzt zur Übung **Sitz**. Diese ist nicht nur eine der wichtigsten Übungen, sondern gleichzeitig eine der einfachsten:

1. Halte Deine Hand mit einem Leckerchen über den Kopf Deines Welpen. Wahrscheinlich wird er die ersten Male probieren, irgendwie an dieses zu gelangen. Doch das lässt Du nicht zu. Wenn er hochspringt schließt Du die Hand, ansonsten ignorierst Du sein Verhalten. Verhalte Dich ruhig und probiere auch nichts zu sagen.
2. Irgendwann wird es Deinem Dobermann zu anstrengend werden, den Kopf hoch zu halten und er wird sich hinsetzten um bequemer hochzuschauen. Sobald er komplett sitzt, gibst Du das Kommando »Sitz« und reichst im gleichzeitig seine Belohnung.

Du wirst sehen, schon nach wenigen Tagen hat Dein Hund diese Übung drauf. Im Schnitt sagen wir, dass ein Hund eine Übung über 100-mal erfolgreich wiederholt haben muss, bis er sie dauerhaft verinnerlicht hat.

Wichtig wie bei allen Übungen ist, dass Du auf eine saubere Ausübung achtest. Hat sich Dein Dobermann noch nicht vollständig gesetzt oder springt er vielleicht gerade aus dem Sitz hoch, darfst Du ihn auf keinen Fall belohnen. Warte ab, bis er für einen kurzen Moment richtig sitzt und dann wird belohnt.

Sitz ist eine ruhige Übung, daher sollten sowohl Deine Stimme, als auch Deine Körpersprache diese Ruhe ausstrahlen.

Bei **Sitz für Fortgeschrittene** stehst Du nicht mehr frontal vor Deinem kleinen Dobermann, sondern lässt ihn neben Dir Platz nehmen. Die Schwierigkeit hierbei ist etwas höher, doch vor allem im Alltag wirst Du von dieser Übung profitieren, beispielsweise wenn ihr am Straßenrand wegen Verkehr warten müsst oder zu Hause Besuch ankommt.

Um das zu üben, hältst Du das Leckerchen seitlich neben Dich. Meistert er auch diese Übung, fängst Du an, ihn etwas länger sitzen zu lassen, bevor es das Leckerchen gibt.

Platz

Der nächste Schritt in der Hundeerziehung ist die Übung **Platz**. Diese solltest Du allerdings erst angehen, wenn Dein Dobermann die Übung Sitz richtig gut beherrscht und auch schon einige Momente ausharren kann. Platz lässt sich darüber hinaus sehr gut üben, wenn Dein kleiner Vierbeiner sowieso schon etwas müde ist, denn dann legt er sich viel lieber hin, wie wenn er energiegeladen ist.

So gehst Du beim Training von Platz vor:

1. Lass Deinen Dobermann »Sitz« machen, wie Du es gerade gelernt hast.
2. Sobald er ruhig sitzt, hältst Du ihm ein Leckerchen vor die Nase.
3. Dieses Leckerchen führst Du jetzt langsam nach unten. Achte darauf, dass Du dabei recht nah am Welpen bleibst, damit er nicht aufspringt.
4. Er wird versuchen, an das Leckerchen zu kommen und Dir daher folgen und sich ins Platz legen.
5. Sobald er vollständig liegt, gibst Du das Kommando »Platz« und reichst ihm die Belohnung.

Übung Auflösen

Gleichzeitig mit der Übung Platz empfehle ich, die **Auflösung von Übungen** zu trainieren. Was meine ich damit?

Wie bereits erwähnt, bestimmt in einem Rudel der Rudelführer, wann was gemacht wird. Daher hatten wir in einem früheren Kapitel schon besprochen, dass Du beispielsweise auf Spielaufforderungen Deines Dobermanns nicht eingehen sollst. Ebenso wichtig, wie die Entscheidung, wann mit was begonnen wird, ist die Entscheidung, wann aufgehört wird. Denn Dein Dobermann lernt am besten schon von Anfang an, dass ausschließlich Du bestimmst, wann begonnen und wann aufgehört wird. Das kann sich aufs Schmusen, Spielen und eben auch aufs Trainieren beziehen.

Und so trainierst Du das Auflösen mit Deinem Welpen am Beispiel der Platzübung:

6. Nachdem Du Deinen Dobermann belohnt hast, lässt Du ihn wieder sitzen.
7. Dann gibst Du das Auflösen-Kommando »Jetzt lauf« und verdeutlichst ihm mit Deiner Körpersprache, dass er loslaufen soll. Die Übung ist damit beendet.

Wenn ihr zwei diese Grundübungen beherrscht, dann seid ihr soweit um mit dem eigentlichen Training der Grundkenntnisse zu starten. Wie Du das machst, erfährst Du im nächsten Kapitel.

So vermeidest Du unerwünschtes Verhalten

Beißen

Die meisten Welpenbesitzer kennen dieses Problem: Ihr kleiner Racker geht nicht nur rabiat mit Möbelstücken und Gegenständen um, sondern beißt beim Spielen und Toben auch gerne einmal zu. Zwar verfügen die meisten Welpen noch nicht über genügend Kraft, um Dir damit ernsthafte Verletzungen zuzufügen, doch durch ihre spitzen Zähnchen kommt es schnell zu kleineren Wunden.

Gerade beim Thema Beißen ist es wichtig, dass Du von Anfang an verstehst, dass Dein kleiner Dobermann nicht aus Bösartigkeit zu beißt. Bisher galten für ihn in seinem Leben kaum Regeln, er durfte sich frei entwickeln und Tabus sind ein Fremdwort für ihn. Ihm diese langsam und sorgfältig aufzuzeigen, ist Deine Aufgabe in den nächsten Wochen.

Beim bisherigen Spiel mit seinen Geschwistern konnte Dein Dobermann ohne Probleme einmal richtig fest ins Fell beißen und wild schütteln, ohne dabei Verletzungen zu verursachen. Für ihn ist es daher normal, sich so zu verhalten. Dass er Dich und andere – gerade Kinder – damit verletzten kann, muss ihm erst noch beigebracht werden.

Das kannst Du auf zwei Arten erreichen. Die erste ist gerade für sehr sensible Hunde geeignet, denen Dein Wohlwollen ungemein wichtig ist. Setzt Dein Dobermann die Zähne im Spiel ein, unterbrichst Du sofort, was Du gerade machst. Du stehst im Idealfall sogar auf, drehst ihm den Rücken zu und gehst ein paar Schritte weg. Wenn Du möchtest, kannst Du im Moment des

Zubeißens auch noch einen kurzen lauten Schmerzensschrei ausstoßen.

Bei vielen Welpen wird dieses Vorgehen schon ausreichen. Sie lernen schnell, dass Beißen dazu führt, dass die tolle Aktivität, die gerade stattgefunden hat, plötzlich abgebrochen wird und sie ignoriert werden, was für viele kaum auszuhalten ist.

Bei manchen wird diese Methode alleine jedoch nicht ausreichen. Wenn Du ein wilderes Exemplar erwischt hast, das auch bei konsequentem Ignorieren und Abbrechen des Spiels noch weiter vergnüglich zubeißt, nehmen wir eine Steigerung vor.

Du musst wissen, dass auch im Welpenspiel nicht alles erlaubt ist. Treibt es einer zu weit, wird auch er von den anderen in die Schranken gewiesen und zwar mit dem Schnauzgriff. Dieser wird besonders häufig von der Mutterhündin angewendet und ist sehr wirkungsvoll. Auf uns Menschen übertragen bedeutet er: Sobald Dein Dobermann im Spiel erneut zu beißt, greifst Du mit Deiner Hand einmal über seine Schnauze und hältst sie kurz zu. Das Ganze wird noch verstärkt, wenn Du das Knurren der Hündin mit einem Signalwort wie »Böse« oder »Tabu« ersetzt.

Wende diese Methode konsequent an und Du wirst merken, wie Dein Welpe das Beißen aufgeben wird. Sei jedoch geduldig und erwarte nicht zu viel von Deinem Dobermann. Es kann gerade am Anfang trotz konsequenter Einhaltung der Methoden etwas länger dauern, als Du es gerne hättest. Verliere nicht die Geduld und sei auch dann nicht demotiviert, wenn Dein Welpe nach einiger Zeit wieder mit dem Beißen beginnt. Das ist durchaus normal. Wichtig ist, dass Du konsequent am Ball bleibst.

Anspringen

Anspringen ist ebenso wie Beißen erstmal ein natürliches Verhalten für Deinen Welpen, bei dem er nicht weiß, dass es von Dir nicht gewünscht ist. Damit es sich bei Deinem kleinen Dobermann gar nicht erst zu einem festen Verhaltensmuster ausprägt, ist es wichtig, auch schon dem süßen Welpen beizubringen, dass Anspringen ein Tabu ist.

Die Vorgehensweise ist der beim Beißen daher auch gar nicht so unähnlich:

- Drehe Dich unvermittelt von Deinem Dobermann weg, wenn er Dich das nächste Mal anspringt.
- Warte mit der nächsten Aktivität (Begrüßung, Belohnung, Spiel, Futter etc.) solange, bis Dein Dobermann Dich nicht mehr anspringt.
- Beachte ihn in diesem Moment auf keinen Fall. Das heißt im Klartext: Kein Augenkontakt, keine Ansprache (am besten redest Du gar nicht) und auch keine aktive Berührung von Deiner Seite aus.

Bei vielen Welpen wird diese Maßnahme schon greifen, wenn sie konsequent und von jedem, mit dem Dein Dobermann in Berührung kommt, angewendet wird.

Sollte Dein Dobermann das Anspringen dennoch nicht sein lassen, kannst Du als Verschärfung noch das Signalwort »Tabu« oder »Böse« miteinbauen. Dieses von Anfang an zu verwenden, empfehle ich Dir allerdings nicht. Für manche Hunde ist das schon wieder Ansporn genug, mit dem Anspringen fortzufahren.

Sollte auch das nicht dazu führen, dass Dein Dobermann mit dem Anspringen aufhört, gilt es, eine Ablenkung einzubauen. Diese dritte und somit verschärfteste Variante empfehle ich erst dann, wenn Deine Geduld bereits am Ende ist. Außerdem muss Dein Dobermann dafür das Kommando »Sitz« wie aus dem Effeff beherrschen, ansonsten wird es nicht funktionieren.

Sobald Dich Dein Dobermann das nächste Mal anspringt, erteilst Du ihm sofort das Kommando »Sitz«, denn dieses ist mit dem Anspringen nicht vereinbar. Sobald er dem Kommando nachgekommen ist, lobst Du ihn überschwänglich. Wiederhole dies nun jedes Mal, wenn Dich Dein Dobermann anspringt. Setzt sich Dein Welpe nicht sofort, kann es auch daran liegen, dass er das Kommando »Sitz« noch nicht so gut verinnerlicht hat, wie es für diese Übung notwendig ist. Übe mit ihm unentwegt, sich hinzusetzten, auch wenn er Dich nicht anspringt. Baue dabei immer wieder Ablenkungen ein. Erst wenn »Sitz« zuverlässig funktioniert, solltest Du wieder dazu übergehen, es beim Anspringen als Ablenkung zu verwenden.

Ruhelosigkeit

Die meisten Welpen sind sehr lebhaft und aufgeweckt und wissen noch nicht, wann es für sie wichtig ist, eine Pause einzulegen. Wenn Du versuchst, sie müde zu spielen, ähneln sie eher kleinen Kindern, die dadurch noch aufgeweckter und quengeliger werden. Da sie es nicht wissen, ist es wichtig, dass Du bestimmst, wann Dein Welpe ausruhen soll und ihm die Fähigkeit auszuruhen frühzeitig beibringst.

Um das zu schaffen, benötigt Dein kleiner Dobermann erstmal einen Rückzugsort in Deiner Wohnung. Meine Empfehlung ist hierfür immer eine Hundebox, natürlich klappt es aber auch mit einer Decke oder einem Körbchen. Wichtig ist, dass jeder diesen Rückzugsort akzeptiert und Deinen Dobermann nicht stört, wenn er sich dorthin zurückzieht.

Wie gehst Du jetzt am besten vor? Zum einen kannst Du es auf die passive Weise trainieren, in dem Du jedes Mal, wenn Dein Welpe entspannt und kurz vorm Einschlafen ist, das Signalwort »Easy« oder »Schlafen« sagst. Hierbei kommt es auf Dein Timing und Deine Konsequenz an.

Gekoppelt werden sollte es mit einem aktiven Training. Läute nach einem kurzen Spaziergang (circa 10 Minuten) eine Entspannungsphase ein. Begib Dich mit Deinem Welpen zu seiner Box und fange an, ihn langsam und beruhigend zu streicheln und vielleicht auch ein wenig zu massieren. Auch wenn er am Anfang noch wild ist und vielleicht toben will, behältst Du die Ruhe und machst weiter.

Sobald Du merkst, dass Dein Dobermann entspannter und ruhiger wird, verwendest Du auch hier das Signalwort »Easy« oder »Schlafen«.

Nach einigen Tagen oder Wochen, je nachdem wie schnell Dein Dobermann darauf reagiert, ist Dein Entspannungswort einsatzbereit. Dir wird es möglich sein, ihn damit in stressigen Situationen runterzufahren und zur Ruhe zu bringen.

Wichtig ist, dass Du Dir angewöhnst, das Entspannungswort immer wieder neu „aufzuladen“ und es nicht nur ausschließlich in besonders aktiven Situationen verwendest. Denn sonst kann seine Bedeutung schnell überschrieben werden. Gewöhne Dir daher bei jeder entspannten Krauleinheit an, es zum richtigen Moment zu verwenden.

Angst vor dem Autofahren

In der heutigen Zeit ist es überaus wichtig, dass Dein Dobermann in der Lage ist, stressfrei mit Dir Auto zu fahren. Während manche Hunde von Anfang an kein Problem mit dem Auto fahren haben, wehren sich andere regelrecht davor, in ein Auto einzusteigen oder erbrechen sich sogar regelmäßig.

Damit es Deinem Dobermann nicht so ergeht, ist es wichtig, dass Du ihn schon frühzeitig an Dein Auto gewöhnst. Lass ihn am Anfang am besten mehrfach täglich positive Erfahrungen mit Deinem Auto sammeln, ohne dass sich dieses bewegt. Setze Dich dafür beispielsweise zum Schmusen zusammen mit ihm in den Kofferraum oder gib ihm dort seine Lieblingsleckerchen. Es ist wichtig, dass er eine positive Verknüpfung mit dem Auto aufbaut. Wie lange diese Verknüpfung braucht, ist von Hund zu Hund unterschiedlich. Mal hat ein Welpe überhaupt keine Angst und bei einem anderen kann es Tage oder Wochen dauern, bis er sich entspannt ins stehende Auto legt.

Ist dieser Schritt geschafft, empfehle ich Dir, erstmal zu testen, wie sich Dein Welpe bei laufendem Motor verhält. Bleibt er ruhig, ist alles in Ordnung. Wirkt er jedoch aufgeregt, musst Du ihn auch daran wieder durch regelmäßige Leckerchen und Streicheleinheiten gewöhnen. Wiederhole dies ebenfalls so lange, bis Dein Welpe bei laufendem Motor entspannt im Kofferraum liegen bleibt.

Danach kannst Du dazu über gehen, mit Deinem Auto ein paar Meter vor und wieder zurück zu fahren. Wie reagiert Dein Dobermann? Bleibt er ruhig, kannst Du eine Runde um den Block fahren. Reagiert er aufgeregt, so lasse es langsam angehen und wiederhole das Vor- und Zurückfahren ebenfalls so oft, bis er entspannt liegen bleibt.

Sollte Dein Hund zum Erbrechen neigen, empfehle ich Dir, nie direkt nach der Fütterung mit ihm zu fahren. Denn wie bei uns Menschen, gibt es auch bei Tieren welche, denen eine Autofahrt auf den Magen schlägt. Dein Dobermann sollte daher vor jeder Autofahrt seit mindestens zwei Stunden nicht gefressen haben.

Was ist beim Thema Autofahren sonst noch zu beachten:

- Sorge für einen sicheren Platz. Ich empfehle eine Hundebox im Auto. Alternativ geht auch ein Hundegitter, eine rutschfeste Matte oder ein Sicherheitsgurt für Hunde.
- Nimm Deinem Welpen die Leine ab, damit er sich nirgendwo verheddern oder sich unabsichtlich strangulieren kann.
- Lasse Deinen Hund niemals – erst recht nicht bei wärmeren Temperaturen – alleine im Auto zurück. Die Wärmeentwicklung wird allzu häufig unterschätzt.
- Baue regelmäßige Pausen (spätestens alle zwei Stunden) in Deine Reiseplanung ein. Gib Deinem Dobermann dabei die Gelegenheit, etwas zu trinken, sich zu erleichtern und sich etwas zu bewegen.
- Bringe Deinem Dobermann frühzeitig bei, dass er das Auto nicht ohne Dein Kommando verlassen darf, das verringert erheblich die Unfallgefahr.

Zerstörungswut

Es gibt wohl keinen Welpenbesitzer, der nicht darüber klagen kann, dass sein kleiner Racker etwas zerstört hat. Das dies mal vorkommt ist normal, aber es ist wichtig, dafür zu sorgen, dass es nicht zur Regel wird. Und auch hier bist in erster Regel Du gefragt, denn Dein Dobermann kann nicht von Beginn an wissen, dass es erlaubt ist, mit seinem Spielzeug zu spielen, aber nicht mit Deinen Schuhen.

Im ersten Schritt geht es daher darum, Deinem Welpen die Möglichkeit zu nehmen, etwas kaputt zu machen, das er nicht kaputt machen darf. Stelle alles, was er nicht in die Pfoten kriegen soll, außerhalb seiner Reichweite ab. Dazu gehören Schuhe, Vasen und Kabel ebenso wie Teppiche, lange Gardinen und Tischdecken.

Im zweiten Schritt geht es darum, Deinen Welpen von der Missetat abzulenken, wenn er sie begeht oder gerade damit starten möchte. Das erfordert von Deiner Seite aus höchste Aufmerksamkeit und natürlich auch Konsequenz. Siehst Du beispielsweise, dass er gerade am Tischbein kaut, nimmst Du ihn kommentarlos hoch, setzt ihn an einer anderen Stelle ab und beginnst ein spannendes Spiel mit seinem Lieblingsball mit ihm. Du machst ihm auf diese Art klar, dass es bessere und spannendere Dinge zu tun gibt, als an Tischbeinen zu kauen. Sehr wahrscheinlich wird Dein Dobermann diese Erkenntnis jedoch nicht nach den ersten zwei oder drei Mal erlangen.

Er wird immer wieder versuchen, irgendetwas zu machen, was Du nicht willst. Dann ist es Deine Aufgabe, die Geduld zu bewahren und ihm mit Konsequenz andere interessante Beschäftigungen zu zeigen.

Bei den meisten Hunden, wird diese Methode ausreichen. Sollte das bei Deinem Hund nach mehreren Wochen der konsequenten Ablenkung immer noch nicht fruchten, kannst Du dazu übergehen, die Signalwörter »Tabu« oder »Böse« und gegebenenfalls den Schnauzgriff einzusetzen.

Doch was machst Du, wenn Dein Welpe in Deiner Gegenwart immer friedlich ist und erst, wenn Du ihn alleine lässt, zum Rowdy mutiert?

Auch hier solltest Du ihm in ersten Schritt so wenig Verwüstungspotential wie möglich bieten. Im zweiten Schritt geht es darum, herauszufinden, woher die zerstörerische Energie kommt. In den meisten Fällen liegt es daran, dass der Welpe vorher nicht ausreichend beschäftigt wurde.

Ich empfehle Dir in einem solchen Fall, Deinen Welpen vor einer längeren Phase des Alleineins intensiv zu beschäftigen. Das kann ein Spaziergang, ein Spiel oder eine anstrengende Trainingseinheit sein, bei der Du ihm neue Befehle beibringst. Gehe direkt danach in die vorhin beschriebene Ruheübung über. Bringe Deinen Welpen, bevor Du ihn verlässt, dazu runterzufahren. Wenn Du dies konsequent anwendest, wird Dein Dobermann gar keine Energie mehr dafür zur Verfügung haben, Dein Mobiliar zu zerlegen und im Idealfall Deine Abwesenheit komplett verschlafen.

Erwarte aber bitte nicht, dass aus einem Rowdy nach einer Übungseinheit ein braver Welpe wird. Es benötigt Zeit und sehr viel Training und noch mehr Wiederholung und Ruhe von Deiner Seite, bis sich dieser Prozess verinnerlicht hat.

Eine Bestrafung des Welpen, wenn Du nach vollbrachter Missetat nach Hause kommst, hat übrigens keine Verbesserungseffekt. Zum einen bringt Dein Dobermann die Bestrafung nicht mit seiner Missetat in Verbindung und zum anderen hat er kein Verständnis dafür, etwas falsch gemacht zu haben.

Das Training der Grundkenntnisse

Herzlichen Glückwunsch!

Du bist schon ziemlich weit mit Deinem kleinen Dobermann gekommen, wenn ihr mit dem Training der Grundkenntnisse anfangt. Die ersten Grundlagen sind schon gelegt und Du wirst merken, dass der Rest gar nicht mehr so schwer ist. Denn ihr zwei seid mittlerweile ein eingespieltes Team und Dein Dobermann weiß schon, wer von euch der Anführer ist.

In diesem Kapitel behandeln wir die 7 Grundkenntnisse, die nach meiner Meinung bei jedem Hund und jedem Halter in Fleisch und Blut übergehen müssen. Und damit das auch bei euch zwei gelingt, erhältst Du auf den nächsten Seiten eine genaue Schritt-für-Schritt-Anleitung.

Los geht's!

Die Leinenführigkeit

Jeder Hundeführer wünscht sie sich, doch die wenigsten sind bereit, die Leinenführigkeit von Anfang an konsequent zu üben und zu trainieren. Das trifft insbesondere auf Halter größerer Hunderassen zu, zu denen auch Dein Dobermann gehört. Im Gegensatz zu einem 2 kg Hund, den jedes Kind trotz starken Ziehens problemlos zurückhalten kann, entwickelt Dein vierbeiniger Freund eine enorme Kraft. Ist diese Kraft nicht unter Kontrolle – und zwar unter Deiner Kontrolle – kann dies in Gefahrensituationen nicht nur für Dich und Deinen Dobermann, sondern auch für Dritte bedrohlich werden. Daher ist Leinenführigkeit gerade bei einer Rasse wie der Deines Dobermanns das A und O.

Zusätzlich dazu gibt es noch einen weiteren Grund, wieso Du das Ziehen an der Leine auf keinen Fall dulden solltest. Warum? Im Grunde ist es immer das Gleiche. Nur der Anführer bestimmt, wo es lang geht. Wenn Dein Hund an der Leine zieht und Du Dich darauf einlässt, heißt das für Deinen Dobermann, dass er den Weg bestimmt. Wenn Du ihm das immer wieder erlaubst, ihm hier die Autorität zusprichst, ist es für ihn nicht nachzuvollziehen, warum er in anderen Bereichen plötzlich auf Dich achtgeben soll. Du merkst, das Thema zieht sich durch, wie ein roter Faden.

Dazu kommt die bereits erwähnte operante Konditionierung. Lernt Dein Welpe, dass er beim Ziehen Erfolg hat, sprich Du ihm folgst, wird er es immer wieder tun. Und was er einmal dementsprechend verknüpft hat, bekommst Du nur sehr schwer wieder abtrainiert.

Daher rate ich Dir: Nimm die Leinenführigkeit nicht auf die leichte Schulter. Du kannst hier das Image der Dobermannhalter nachhaltig verbessern, indem Dein Vierbeiner nicht an der Leine zieht. Wie genau Du das trainierst, erfährst Du jetzt:

1. Du gehst mit Deinem Welpen angeleint spazieren. Plötzlich riecht er etwas interessantes und fängt an in eine bestimmte Richtung zu ziehen.
2. Du bleibst unverzüglich und vor allen Dingen kommentarlos stehen. Spreche jetzt nicht mit Deinem Dobermann, sondern warte ab.
3. Dein Dobermann reagiert vielleicht nicht sofort, aber nach einer gewissen Zeit wird er sein Verhalten ändern. Vielleicht setzt er sich hin oder kommt zu Dir gelaufen. Erst, wenn durch eine Aktion von ihm die Leine wieder locker durchhängt, gehst Du weiter.
4. Wenn die Leine beim Gehen locker durchhängt, gibst Du das Kommando »Langsam«. Wenn sich das häufig genug wiederholt, verknüpft der Welpe beide Aktionen.
5. Wichtig: Sobald er wieder anfängt zu ziehen, bleibst Du erneut kommentarlos stehen und wartest wieder, bis die Leine durchhängt.

Bei dieser Übung kommt es vor allen Dingen auf Geduld an. Dein kleiner Dobermann wird zu Anfang regelmäßig an der Leine ziehen, sobald er etwas Interessantes sieht, riecht oder hört. Jetzt kommt es darauf an, dass Du genau Acht gibst, wann sich die Leine spannt und dann unverzüglich reagierst. Die Arbeit, die Du an dieser Stelle investierst, wird sich die restliche Lebenszeit Deines Hundes auszahlen. Denn es gibt kaum etwas angenehmeres, als entspannt mit dem Hund Gassi gehen zu können, ohne dass man die gesamte Zeit ein Wettziehen an der Leine veranstaltet.

Bei Fuß gehen

Hat Dein Dobermann die Leinenführigkeit gelernt, ist es nicht mehr weit, das Kommando »Bei Fuß« zu meistern. Doch was genau ist überhaupt der Unterschied zwischen Leinenführigkeit und »Bei Fuß«? Während bei der Leinenführigkeit lediglich geübt wird, dass Dein Hund nicht zieht, geht es bei dem Kommando »Bei Fuß« um deutlich mehr. Hier achtet Dein Dobermann unentwegt auf Dich und geht bei lockerer Leine die gesamte Zeit auf gleicher Höhe mit Dir. Dabei ist es egal, ob Du abbiegst, stehen bleibst oder ein Hindernis überwindest. Dein Dobermann bleibt unentwegt genau an Deiner Seite und passt auch sein Tempo genau an Dich an.

Da gerade Welpen und Junghunde noch nicht lange »Bei Fuß« gehen können, ist eine gute Leinenführigkeit sehr wichtig.

Bevor Du jedoch damit beginnst, das neue Kommando zu üben, solltest Du entscheiden, auf welcher Seite Dein Dobermann zukünftig von Dir gehen soll. Es ist nicht empfehlenswert die Seite ständig zu wechseln, sondern besser ist es, eine Konstante zu schaffen.

Welche Seite Du wählst, ist Dir überlassen. Ich persönlich bevorzuge die linke Seite. Warum? Wegen der Teilnahme am Straßenverkehr. Wenn Du mit Deinem Dobermann häufig an befahrenen Straßen entlang gehst, kann das auch für Dich ratsam sein. Selbst der besterzogenste Hund kann durch ein plötzliches Geräusch aufgeschreckt werden und dadurch zu einer unüberlegten Handlung verleitet werden. Das kann dazu führen, dass er plötzlich auf die Straße läuft. Geht er rechts neben Dir, kann das bedeuten, dass er Dich ebenfalls abdrängt und ihr beide auf der Straße landet. Was das für Folgen haben kann, brauche ich hier nicht zu beschreiben. Doch das ist nur meine persönliche Meinung, es gibt keine Seite, die per se besser geeignet ist.

Wenn Du Dich ebenfalls für die linke Seite entscheidest, solltest Du bei dieser Übung die Leckerchen ebenfalls in Deiner linken Jackentasche aufbewahren. Die Leine hältst Du mit der rechten Hand. Wenn Du Dich für die rechte Seite entscheidest, ist alles selbstverständlich umgekehrt.

Und so startest Du Dein Training:

1. Um sicherzustellen, dass Dein Dobermann an Deiner Seite bleibt, musst Du seine Aufmerksamkeit auf Dich ziehen und das geht am besten mit einem Leckerchen. Locke Deinen Dobermann auf die Seite, auf der Du ihn führen möchtest.
2. Sobald er seine volle Aufmerksamkeit auf das Leckerchen gerichtet hat, gehst Du entschlossen und zügig los. Gib dabei das Kommando »Bei Fuß«.
3. Unterwegs sagst Du das Kommando immer wieder.
4. Nach kurzer Zeit (bei kleinen Welpen schon nach wenigen Metern) lässt Du ihn sitzen und gibst ihm zur Belohnung das Leckerchen.

Während der ganzen Übung ist es in Ordnung, wenn Dein Dobermann versucht, an dem Leckerchen zu lecken oder daran zu knabbern, nur hochspringen sollte er nicht. Die Streckenlänge sollltest Du von der Konzentrationsfähigkeit Deines Welpen abhängig machen. Diese ist gerade am Anfang noch recht kurz und sollte auf keinen Fall überspannt werden.

Klappt diese Übung schon fehlerfrei, kannst Du dazu übergehen, das Leckerchen nicht mehr in der Hand zu halten. Anfangs empfiehlt es sich noch, die Hand in der Tasche mit den Leckerchen zu lassen, doch nach einiger Zeit solltest Du sie entspannt runter hängen lassen. Läuft Dein Dobermann konzentriert an Deiner Seite, bekommt er zur Belohnung ein Leckerchen. Langsam aber sicher solltest Du daraufhin anfangen, die Zeit zwischen den Belohnungen zu verlängern.

Folgende Punkte solltest Du ebenfalls beachten:

- Variiere Deine Strecke und gehe nicht einfach nur geradeaus. Laufe Kurven oder auch mal rückwärts. Gehe mal schneller, mal langsamer. Laufe vielleicht mal eine Treppe runter oder steige über einen Baumstamm. Bei all diesen Variationen soll Dein Dobermann an Deiner Seite bleiben.
- Sobald Du erkennst, dass Dein Welpe abgelenkt wird, motivierst Du ihn mit einer spannenden Stimmlage. Die restliche Zeit empfiehlt es sich, wenig zu sagen, um die Aufmerksamkeit nicht zu verwässern. Bleibt Dein kleiner Freund gar stehen oder weicht ab, ignorierst Du sein Verhalten und gehst mit strammem Schritt weiter. Sobald er Dir wieder seine gesamte Aufmerksamkeit schenkt und an Deiner Seite geht, lobst Du ihn.

- Sollte Dein Dobermann dennoch häufig schnüffeln oder schneller gehen, schlage enge Kreise und zwar so, dass Dein Hund innen geht. So verstellst Du ihm automatisch den Weg und störst ihn regelrecht beim Schnüffeln. Auch hier gilt: Sobald er seine Aufmerksamkeit erneut auf Dich richtet, wird gelobt.

Der Abruf

Bereits im vorherigen Kapitel haben wir bei der Fütterungsübung die Grundlage für das Abrufen gelegt. Du erinnerst Dich, dass Dein Dobermann immer von einer zweiten Person festgehalten wird, wenn Du das Essen vorbereitest. Er wird, sobald Du mit dem Napf in Position bist, losgelassen und sobald er auf Dich zuläuft, gibst Du das Kommando »Hier«.

Klappt das Heransausen bei der Fütterung schon problemlos, gehen wir zu einem leicht höheren Schwierigkeitsgrad über. Jetzt fängst Du an, Deinen Welpen auch zwischen den Fütterungen und ohne, dass er festgehalten wird, zu Dir zu rufen. Wichtig ist, dass Du vorher sicherstellst, dass er nicht abgelenkt wird oder gerade geschlafen hat. Mach ihn mit einer spannend klingenden Stimme auf Dich aufmerksam. Das Kommando »Hier« gibst Du erst, wenn er schon auf dem Weg zu Dir ist.

Funktioniert diese Übung innerhalb der eigenen vier Wände ohne Fehl und Tadel, solltest Du sie nach draußen verlegen. Hierfür bietet sich Dein Balkon oder Garten an. Funktioniert auch das längere Zeit perfekt, erhöhen wir die Ablenkung ein weiteres Mal, indem jetzt der eigene Garten verlassen wird.

Damit Dir die Abruf-Übung wirklich gelingt, habe ich hier noch ein paar **Geheimtipps** für Dich:

- Übe das Abruf-Kommando mindestens je drei Wochen ausschließlich in den eigenen vier Wänden und im eigenen Garten oder Balkon und stelle sicher, dass es keine Ablenkung gibt. Die Erfolge, die Dein Welpe in dieser Zeit erlebt, werden sich tief in seinem Unterbewusstsein festsetzten.

- Achte darauf, dass Du Deinen Dobermann zunächst mit spannender Stimme auf Dich aufmerksam machst, bevor Du ihn zu Dir rufst. Gib das Kommando »Hier« erst, wenn Du Dir wirklich sicher bist, dass er zu Dir kommt und schon relativ nah bei Dir ist. Den Abstand kannst Du sukzessive ausbauen.
- Um den Drang, zu Dir zu laufen, zu verstärken, rate ich Dir, Dich am Anfang systematisch von ihm weg zu bewegen, wenn Du Deinen Welpen mit der Stimme anlockst.
- Achte darauf, dass Dein Dobermann hungrig ist, wenn Du das Abruf-Kommando trainierst. Insbesondere, wenn ihr das erste Mal außerhalb des Hauses oder des Gartens unterwegs seid, sollte er einen gewissen Hunger verspüren, um besonders willig zu sein, auf Leckerchen zu reagieren.

Wenn Du Dich an diese Tipps und die systematische Abfolge hältst, wirst Du nach einiger Zeit Dein absolutes Erfolgserlebnis haben: Du rufst Deinen Dobermann und er wird ohne vorheriges Lockangebot direkt zu Dir kommen.

Hast Du das gemeistert, solltest Du langsam anfangen, Ablenkungen für Deinen Dobermann bereitzuhalten. Das können spielende Kinder, andere Hunde oder auch ein interessanter

Geruch sein. Trotz all dieser Ablenkung muss Dein vierbeiniger Freund unverzüglich zu Dir kommen, wenn Du rufst. Besonders beim Üben mit Ablenkungen rate ich Dir, auf den Hunger Deines Dobermanns zu setzten.

Am Anfang der Übung ist es noch nicht notwendig, dass sich Dein Welpe hinsetzt, wenn er zu Dir gekommen ist. Das würde lediglich dazu führen, dass er das Leckerchen mit der Sitzübung verknüpft und nicht mit dem Abrufen. Sobald das Training allerdings gut läuft und schon einige Erfolge verzeichnet wurden, solltest Du dazu über gehen, das Sitz-Kommando zu geben, nachdem Dein Dobermann die Belohnung fürs Kommen erhalten hat. Erst nach unzähligen Wiederholungen und am besten auch erst, wenn Dein Dobermann schon lange kein Welpe mehr ist, lässt Du ihn sitzen, noch ehe er das erste Leckerchen erhält.

Bleib

Beherrscht Dein Dobermann die Bleib-Übung, wird sich euer gemeinsamer Alltag um einiges leichter und entspannter gestalten. Wieso, fragst Du Dich jetzt vielleicht, denn viele Hundebesitzer legen auf diese Übung keinen Wert. Ganz einfach: Beherrscht Dein Hund es, entspannt auf Dich zu warten, kannst Du ihn auch mal für kurze Augenblicke aus den Augen lassen, ohne Angst zu haben, dass er davonläuft oder etwas anstellt. Das ist dann hilfreich, wenn er beispielsweise nach einem Spaziergang vollkommen verschmutzt brav vor der Haustür wartet, während Du ein Handtuch holst. Oder er vor der Apotheke Platz nimmt, während Du etwas kaufst.

Und so trainierst Du das Bleib-Kommando:

1. Lass Deinen Dobermann neben Dir »Sitz« oder »Platz« machen.
2. Sitzt oder liegt er entspannt, sagst Du »Bleib« und stellst Dich direkt vor ihn. Anfangs bleibst Du nur kurz vor ihm stehen. Die Leine behältst Du während der Übung in der Hand, um mögliches Fehlverhalten sofort korrigieren zu können. Achte dabei darauf, dass sie nicht spannt.
3. Gehe wieder neben Deinen Dobermann und lobe ihn.

Wenn diese Übung fehlerfrei klappt, erhöhst Du den Schwierigkeitsgrad. Das machst Du, indem Du zunächst die Zeit erhöhst, in der Du vor Deinem Dobermann stehen bleibst. Bleibt er mindestens eine Minute ruhig sitzen oder liegen, kannst Du erneut die Schwierigkeit erhöhen. Jetzt gehst Du circa einen halben Meter weg. Zunächst nur kurz, dann länger. Schafft er es, mindestens zwei Minuten brav und entspannt in seiner Position zu bleiben, wenn Du die maximale Leinenlänge entfernt stehst, habt ihr den nächsten Meilenstein gemeistert.

Dein Hund ist jetzt in der Lage, ohne Ablenkung in seiner Position zu bleiben. Um ihn weiter zu fordern, fügen wir durch Dich eine leichte Ablenkung hinzu. Denn Du bleibst jetzt nicht mehr still vor ihm stehen, sondern gehst langsam parallel zu Deinem Dobermann hin und her. Zunächst nicht lange und nicht weit von ihm entfernt. Stückweise steigerst Du beides.

Meistert ihr auch diese Übung, fängst Du an, im Halbkreis zu gehen. Ist auch das kein Problem mehr, umkreist Du Deinen Dobermann vollständig. Lässt ihn auch diese Ablenkung kalt, kommen wir zur größten Herausforderung: Du verschwindest für kurze Zeit aus seiner Sicht. Für diese Übung empfehle ich Dir, Deinem Dobermann vorher das Kommando zum Hinlegen zu geben. Gerade bei dieser Übung sollte die Zeitspanne und auch die Entfernung am Anfang sehr gering sein und nur langsam gesteigert werden.

Um die Übung noch besser zu meistern, habe ich auch noch ein paar **Geheimtipps** für Dich:

- Die Übung »Bleib« ist wie »Sitz« eine ruhige Übung. Deine Körpersprache und Stimme sollte daher ebenfalls Ruhe ausstrahlen.

- Um es Deinem Dobermann einfacher zu machen, auf Dich zu warten, powerst Du ihn vorher aus. Ist er energiegeladen, hält er es ansonsten nicht an einer Stelle und in derselben Position aus.
- Starte mit dieser Übung erst, wenn Dein Hund schon mindestens 2 Minuten entspannt neben Dir liegen oder sitzen kann.
- Trainiere anfangs ausschließlich mit Leine. Lasse diese jedoch wie eben beschrieben locker durchhängen. Sollte es mal dazu kommen, dass Dein Dobermann aufsteht, so war entweder die Zeit oder die Entfernung zu lang. Bringe ihn dann genau an die Stelle zurück, an der er zuvor lag oder saß und wiederhole den Übungsaufbau.
- Denke daran, dass die Übung erst aufgelöst wird, wenn Du wieder neben Deinem Dobermann stehst. Lasse ihn aus dem Platz erst wieder ins Sitzen wechseln, dann wird belohnt. Dieses Detail ist gerade beim Platz sehr wichtig, da Dein Hund sonst immer in Anspannung ausharren wird. Weiß er aber, dass er so lange liegen bleiben muss, bis Du wieder neben ihm stehst, kann er zwischendurch entspannen.
- Erst nach einigen Wochen und auch ausschließlich aus der Sitzposition, kannst Du Deinen Dobermann gelegentlich aus dem »Bleib« abrufen.
- Achte auf das Timing beim Belohnen. Halte nicht die ganze Zeit ein Leckerchen in der Hand, denn das wird es für Deinen Welpen umso schwieriger

machen, auszuharren. Erst recht, wenn Du es rauskramst, wenn Du gerade auf dem Rückweg zu ihm bist. Hole es erst raus, wenn Du wieder neben ihm stehst. Häufig reichen bei dieser Übung aber schon Streicheln und Lob aus.

Sitz auf Entfernung

Für viele klingt das »Sitz auf Entfernung« im ersten Moment so, wie die vorher beschriebene Übung »Bleib« im Sitz. Doch das ist nicht damit gemeint. Sitz auf Entfernung ist die höchste Steigerung des klassischen »Sitz«-Kommandos. Diese Übung ist dann besonders hilfreich, wenn Du Deinen Dobermann plötzlich stoppen musst und es wichtig ist, dass er an einer bestimmten Stelle ausharrt, auch wenn Du nicht in seiner direkten Nähe bist, wenn Du das Kommando gibst.

Das kann beispielsweise der Fall sein, wenn plötzlich ein Jogger oder Radfahrer kommt und Dir Dein Dobermann einige Meter voraus ist. Oder er beim Abruf eine Straße kreuzen muss. In all diesen Situation können Gefahren vermieden werden, wenn sich Dein Dobermann hinsetzt und brav auf Dich wartet. Diese Übung ist allerdings wirklich schon eine Fortgeschrittenenübung und sollte nicht im Welpenalter trainiert werden. Da ich sie jedoch für sehr wichtig halte, möchte ich sie Dir an dieser Stelle nicht vorenthalten.

So baust Du diese Übung systematisch auf:

1. Wenn Du von nun an das Kommando »Sitz« gibst, streckst Du zeitgleich mit dem Hörzeichen Deinen Arm nach oben.
2. Sobald Du glaubst, dass die Kombination verknüpft ist, übst Du das Kommando ausschließlich mit dem Armzeichen. Setzt sich Dein Dobermann dann zuverlässig, können wir die Entfernung erhöhen.

3. Befindet sich Dein Vierbeiner ohne Ablenkung ein paar Meter von Dir entfernt, machst Du ihn auf Dich aufmerksam. Sobald er stehenbleibt und in Deine Richtung schaut, gibst Du das Armzeichen. Sobald er sich hingesetzt hat, gehst du langsam auf ihn zu und belohnst ihn.
4. Klappt die Übung zuverlässig, erhöhst Du langsam die Distanz.
5. Klappt die Übung auch auf große Distanz, fängst Du erneut auf geringer Distanz, diesmal aber mit Ablenkungen an, zu trainieren. Erst, wenn es trotz Ablenkung zuverlässig klappt, erhöhst Du wieder Schritt für Schritt die Distanz.

Wenn Du diese Übung meisterst, wirst Du nicht nur davon profitieren, dass sich Dein Dobermann auch auf Distanz zu Dir hinsetzt. Darüber hinaus wirst Du die Erfahrung machen, dass er sich in größerer Distanz zu Dir deutlich häufiger umdrehen wird und immer wieder Deinen Blickkontakt suchen wird. Eure Bindung wird hierdurch sehr gestärkt.

Etwas Hergeben

Viele Hundebesitzer verwechseln das Kommando »Aus« mit einem Verbots- oder Schimpfwort, doch das ist es nicht im eigentlichen Sinne. Genau wie bei allen anderen Übungen bisher, dient dieses Kommando dazu, ein bestimmtes Verhalten einzufordern. In diesem Fall handelt es sich dabei darum, dass beispielsweise ein Spielzeug, aber auch schon mal ein Pantoffel oder Knochen fallengelassen oder losgelassen werden soll, wenn der Hund es im Fang hat.

Dass dieses Kommando im Alltag mehr als nützlich ist, versteht jeder auf Anhieb. Mir ist es aber ein besonderes Anliegen, dass diese Übung nicht mit Angst bei Deinem Dobermann verknüpft wird, sondern wie alles andere durch Konsequenz, gezielte Übung und genau getimte Belohnung trainiert wird.

Wie Du das anstellst, erfährst Du in den folgenden Schritten:

1. Dein Dobermann hält etwas im Maul, das dort nicht hin soll.
2. Anstatt ihn anzuschreien, lockst Du ihn mit einer spannenden Stimme zu Dir.
3. Sobald er bei Dir ist, bietest Du ihm einen Tausch an. Das kann entweder sein Lieblingsspielzeug oder ein Leckerchen sein.
4. Sobald er den Gegenstand fallen lässt, gibst Du das Kommando »Aus«.
5. Wiederhole diese Übung so oft es geht. Schon bald lässt er den Gegenstand los, ohne dass Du ihm

dafür etwas bieten musst, sondern allein schon, wenn Du das Kommando sagst.

Eine andere, jedoch etwas langwierigere Methode ist es, jedes Mal »Aus« zu sagen, wenn Dein Welpe von sich aus etwas fallen lässt. Das erfordert jedoch sehr viel Aufmerksamkeit, denn das musst Du wirklich jedes Mal machen.

Diesen Fehler solltest Du niemals begehen: Laufe Deinem Dobermann niemals hinterher, wenn er Dir etwas geben soll. Dass wird bei ihm lediglich den Gedanken festigen, dass er seine Beute vor Dir in Sicherheit bringen muss und es wird umso schwieriger werden, ihm das wieder abzugewöhnen. Außerdem ist das kleine Kerlchen sowieso viel schneller und wendiger, als Du.

An- und Ableinen

Das An- und Ableinen ist wieder ein Beispiel einer Übung, die von den meisten Haltern vollkommen vernachlässigt wird. Sie sehen keinen Sinn oder Mehrwert darin, in diese Handlung einen systematischen Ablauf zu integrieren. Gleichzeitig ärgern sich dieselben Halter jedoch darüber, dass ihre Hunde ungeduldig sind und sich nur widerwillig an- und ableinen lassen.

Willst Du diesem Problem frühzeitig aus dem Weg gehen, solltest Du Dir von Anfang an den nachfolgenden Ablauf angewöhnen, wann immer Du Deinen Welpen an- oder ableinst:

1. Lass Deinen Dobermann vor jedem An- und Ableinen nahe bei Dir »Sitz« machen.
2. Hast Du die Leine abgenommen, so lass ihn noch einen Moment vor Dir sitzen.
3. Warte darauf, dass er ruhig ist und im Idealfall kurz Blickkontakt zu Dir aufbaut.
4. Erst dann lässt Du ihn mit dem Auflösungs-Kommando »Jetzt lauf« frei.

Der Kern dieser Übung ist die ruhige Warteposition und dass die Aufmerksamkeit Deines Dobermanns Dir gehört. Ist er abgelenkt und zieht schon von Dir weg, wenn Du das Auflösungs-Kommando gibst, belohnst Du die falsche Handlung und was diese Verknüpfung in seinem Unterbewusstsein für Folgen hat, weißt Du mittlerweile schon, ohne dass ich es sage.

Mein Tipp: Halte Deinen kleinen Freund gerade beim Ableinen noch unauffällig am Halsband fest. Sollte er abdampfen wollen, bevor Du es erlaubst, kannst Du ihn so schnell ausbremsen und zurückhalten. Vermeide auf jeden Fall Erfolgserlebnisse, die von Dir nicht gewollt sind.

Sonderkapitel Jagdinstinkt

Mit Deinem Dobermann hast Du Dir, wie bereits am Anfang beschrieben, einen Hund ausgesucht, der einen starken Jagdinstinkt aufweist. Genau aus diesem Grund habe ich diesem Thema ein extra Kapitel gewidmet.

Ich selbst musste als junges Mädchen miterleben, wie unser Schäferhund ein Schaf gerissen hat, dass sich in einem Zaun verfangen hatte. Die Schmerzensschreie des Schafes und das ganze Blut waren schon schlimm genug, doch noch schlimmer war die Angst, es könnte wieder passieren. Diese Erfahrung und vor allem die Ängste gönne ich niemandem und daher erfährst Du hier, was Du unternehmen kannst, um diese Gefahr zu minimieren.

Die beste Methode, um zu verhindern, dass Dein Dobermann auch zum Jäger wird, ist die Vorbeugung. Wir haben damals den Fehler begangen, das Jagen nicht frühgenug zu vermeiden. Unser Hund, Sally, hat schon früh angefangen, Wildtieren hinterher zu laufen. Doch weil sie nie Erfolg hatte, haben wir es geduldet. Und genau darin liegt der Fehler. Denn Jagen ist ein selbstbelohnendes Verhalten.

Was heißt das? Es bedeutet, dass Dein Hund keine Beute zu fangen braucht, um in seinem Jagdtrieb bestätigt zu werden. Ihm reicht es schon vollkommen aus, eine Fährte aufzunehmen oder einem sich rasch bewegenden Objekt zu folgen. Sobald er es einmal erlebt hat, ist er wie auf Droge. Er wird dieses Highlight immer und immer wieder erleben wollen.

Du fragst Dich jetzt vielleicht, wie Du das schaffen sollst. Nachfolgend werde ich Dir einige Vorbeugemaßnahmen erläutern. Suche Dir daraus die Maßnahmen aus, die am besten zu euch beiden passen. Doch wichtig ist bei allem, was Du tust: Solange Dein Hund Dir nicht zuverlässig gehorcht, gehört er vor allem in wildreichen Gebieten an die Leine. Denke immer daran: Jede einzelne Jagd, ob erfolgreich oder nicht, verstärkt die Sucht Deines Dobermannes nach mehr! Solange er durch die Leine keine Gelegenheit hat, die Jagd zu testen, wird er auch nicht danach streben.

Kommen wir nun zu den Maßnahmen.

Ausreichend beschäftigen

Dein Dobermann ist ein wahres Energiebündel. Ist er nicht ausgelastet, hat er ein unglaublich hohes Potential an überschüssiger Energie. Und je mehr Energie Dein Hund hat, desto leichter reagiert er auf verlockende Reize, um seine Energie dadurch abzubauen.

Aus diesem Grund ist es gerade bei jagdfreudigen Hunden wichtig, sie ausreichend zu fordern. Damit meine ich nicht nur die körperliche Ertüchtigung, die natürlich einen großen Anteil daran hat. Viel exzessiver, als jedes körperliche Training, ist jedoch das geistige Training. Du wirst selbst die Erfahrung machen, dass Dein kleiner Liebling schon nach wenigen Minuten, in denen Du die beschriebenen Grundkenntnisse mit ihm geübt hast, erschöpft ist.

Wenn Du daher jedes Mal, bevor ihr das Haus verlasst und euch in ein „jagdintensives" Gebiet begebt, vorher zu Hause einige geistig anspruchsvolle Trainingsminuten einbaust, wird Dein Dobermann deutlich weniger Energie zum Jagen haben. Dieselbe Wirkung erreichst Du übrigens auch durch eine spielerische Fährtensuche nach Leckerchen in der Wohnung.

Für Ablenkung sorgen

Du hast Dich ganz bewusst für einen potentiellen Jäger als Hund entschieden. Aus dem Grund solltest Du Dich darauf einstellen, dass Du bei jedem Spaziergang genau auf Deine Umgebung achten musst. Natürlich kannst Du Dich auch dabei mit anderen unterhalten, doch Du solltest Dir angewöhnen, immer Deine Umgebung zu scannen. Wieso fragst Du Dich jetzt vielleicht?

Um Jagdobjekte noch vor Deinem Dobermann zu erkennen. Denn wenn Du sie vor ihm entdeckst, hast Du die kurze Gelegenheit, ihn frühzeitig abzulenken. Führe daher immer sein Lieblingsspielzeug oder besonders schmackhafte Leckerchen mit, wenn ihr euch nach draußen begebt.

Siehst Du dann beispielsweise ein Reh auf einer Lichtung stehen, forderst Du Deinen Vierbeinigen Freund unverzüglich zu einem kleinen Ziehspiel auf, wirfst dem Ball (natürlich in die entgegengesetzte Richtung) oder lässt ihn für ein Leckerchen »Sitz« machen. Wichtig dabei ist, Du musst Dich selbst viel interessanter machen, als das mögliche Hinterherjagen hinter dem Reh.

Alternativverhalten einstudieren

Wir haben bereits über die klassische Konditionierung gesprochen. Diese ist ebenfalls ein bewährtes Mittel, um dem Jagdinstinkt entgegenzuwirken. Mein Hund weiß beispielsweise, dass wann immer sich uns eine Person, Radfahrer, Jogger oder auch ein Auto nähert, er zu mir zurückzukommen hat und bei Fuß gehen muss.

Wie habe ich das geschafft? Ganz einfach! Ich habe ihm konsequent eingetrichtert, dass wann immer uns irgendetwas entgegenkommt, er zu mir kommen soll. Anfangs musste ich dafür noch den Abruf-Befehl und anschließend das »Bei Fuß«-Kommando geben. Doch Dobermänner sind schlaue Tiere. Ebenso wie sie die Verknüpfung zwischen „Wanderschuhen“ und „Gassi gehen“ erstellen können, können sie auch „entgegenkommende Jogger“ mit „zurück zum Frauchen laufen und bei Fuß gehen“ verknüpfen.

Wichtig dabei ist wie immer, dass Du dieses Verhalten nicht nur manchmal einforderst, sondern wirklich immer. Wenn Du das tust, wirst Du selbst überrascht sein, wie schnell Dein schlauer Vierbeiner dies verinnerlicht.

Gehorsam festigen

Die Grundlage für all diese Maßnahmen ist die gleiche: Dein Hund muss Dir gehorchen. Und das nicht nur ab und zu, wenn er Lust dazu hat, sondern in jeder Situation. Du musst in der Lage sein, ihn wann immer Du willst abzurufen. Und auch das Kommando »Sitz auf Entfernung« wird Dir bei Deinem jagdfreudigen Vierbeiner helfen.

Denn häufig ist es deutlich leichter, Deinen Dobermann zum Stoppen zu bewegen, wenn er von Dir entfernt ist, als ihn zur Umkehr zu bringen. Bleibt er aber auf Dein Kommando hin sitzen, hast Du die Möglichkeit, zu ihm zu gehen und entweder abzulenken oder anzuleinen.

Solange Du Dir daher des Gehorsams Deines Hundes nicht sicher bist, solltest Du ihn immer an der Leine führe. Für das Training gibt es extra lange Schleppleinen, mit denen Dein Dobermann auch gerne schon mal 10-20 Meter von Dir entfernt sein kann. Und dennoch hast Du jederzeit die Möglichkeit ihn zurückzuhalten, wenn er eine Jagd beginnen möchte.

Checklisten für den Start

Gerade wenn Dein kleiner Dobermann Dein erster Hund ist, gibt es rund um seinen Einzug bei Dir viel zu beachten. Damit Du an dieser Stelle nichts übersiehst oder vergisst, gebe ich Dir hier einige Checklisten an die Hand, damit ihr beide einen perfekten Start habt.

Es gibt viel zu Überlegen und zu beachten, damit Dein Dobermann und Du alle Voraussetzungen für ein glückliches Hunde- und Menschenleben schafft. Diese nachfolgenden Listen solltest Du am besten mehrfach durchgehen, um sicherzustellen, dass Du nichts vergessen hast.

Zunächst zeige ich Dir die wichtigsten Vorabüberlegungen, die Du klären solltest, bevor Du dich überhaupt für einen Welpen entscheidest. Wenn Du diese Entscheidung getroffen hast, zeige ich Dir, was beim Hundekauf zu beachten ist, welche Formalitäten dann für Dich wichtig sind und was alles auf Deinem Einkaufszettel steht, um Dich einmal mit allem Nötigen für den Start einzudecken. Abschließend gebe ich Dir noch eine Checkliste, mit der Du sicherstellst, dass Deine Umgebung auch welpensicher ist, damit Deinem kleinen Begleiter nichts passiert.

Vorabüberlegungen

Bevor Du Dich entscheidest, einen Dobermann in Dein Leben aufzunehmen, gibt es einige Punkte zu beachten. Diese Punkte solltest Du auf jeden Fall vor der Anschaffung eines Welpen klären, um sicherzustellen, dass Du Deinem Hund auch ein artgerechtes und glückliches Leben bieten kannst. Solltest Du Dir unsicher sein, ob Du alle Punkte ehrlich und vorbehaltslos erfüllen kannst, ist es vielleicht besser, noch etwas mit der Anschaffung zu warten und in der Zwischenzeit weitere Vorbereitungen zu treffen. Ein Dobermann ist kein einfacher Hund!

- ☐ Bist Du bereit, die nächsten Jahre einen Hund bei Dir zu haben und ihn zu versorgen?
- ☐ Ist Dein aktuelles Zuhause der richtige Ort für einen Dobermann? Hast Du genug Platz?
- ☐ Lässt sich Deine aktuelle Lebenssituation (z.B. Dein Beruf, Deine Urlaube, Dein soziales Umfeld, etc.) mit einem Hund vereinbaren? Was machst Du mit Deinem Hund, wenn Du mal länger nicht zu Hause bist?
- ☐ Fühlst Du Dich in der Lage, Deinen Welpen wie in diesem Buch beschrieben zu erziehen, damit ihr beide ein glückliches Leben führen könnt? Bist Du stark genug, diesen süßen Hundeaugen zu widerstehen und in eurer beider Interesse Nein zu sagen, wenn es nötig ist (und es wird häufig nötig sein)?
- ☐ Hast Du jeden(!) Tag genug Zeit, um Dich um Deinen Dobermann zu kümmern?

- ☐ Kannst Du die Kosten für Anschaffung, Erstausstattung, Futter, Tierarztbesuche, Steuern, Versicherung, etc. stemmen? Ein Dobermann ist kein günstiger Hund, hier kommen jährlich schnell vierstellige Beträge zusammen!
- ☐ Hast Du überprüft, ob jemand in der Deiner Familie eine Hundehaar-Allergie hat?
- ☐ Ist geklärt, wer in Deiner Familie welche Aufgaben übernimmt und sind alle damit einverstanden?
- ☐ Ist in Mietswohnungen geklärt, ob Hunde in der Wohnung gehalten werden dürfen?
- ☐ Bist Du körperlich fit und gesund genug, um einen Dobermann für sein gesamtes Leben zu versorgen und ihm gerecht zu werden. Denke auch 15 Jahre in die Zukunft!
- ☐ Bist Du Dir bewusst, dass ein Hund viel Dreck in Deinem Zuhause macht und überall Haare hinterlässt (und mit überall meine ich wirklich überall!)?
- ☐ Kannst Du Dich während der Welpenzeit rund um die Uhr (auch nachts) um Deinen Dobermann kümmern? Hast Du einen Plan aufgestellt, wie Du das die ersten Wochen schaffst?

Hundekauf

Vor und beim Hundekauf werden viele Fehler gemacht, die sich später rächen können und die eine nicht artgerechte und illegale Hundezucht unterstützen. Zudem sind auch hier einige Vorbereitungen nötig, um den für Dich passenden Hund zu finden und einen guten Start hinzulegen.

- ☐ Hast Du Dich umfassend über die Rasse des Dobermanns informiert, Züchter im Internet recherchiert und einen vertrauenswürdigen Züchter gefunden?
- ☐ Hast Du Dir überlegt, ob es ein Männchen oder Weibchen werden soll?
- ☐ Hast Du schon einen Namen für Deinen kleinen Racker?
- ☐ Wenn Du beim Züchter bist, gibt es viele Punkte zu beachten: Wie sehen die Welpen aus und wie verhalten sie sich? Ist die Mutter anwesend und kümmert sie sich um ihre Welpen? Bietet der Züchter noch andere Hunderassen zum Kauf an (kein gutes Zeichen!)? Wie sieht die Umgebung der Welpen aus? Stellt der Verkäufer Dir Fragen über das zukünftige Leben seines Dobermann Welpen und ist an seinem Wohlergehen interessiert? Ist der Preis realistisch oder unerwartet niedrig (auch das ist ein Zeichen dafür, dass hier etwas nicht stimmt)? Erhältst Du vom Züchter ausführliche Informationen, wie die Fütterung in den nächsten

Wochen zu erfolgen hat, ab wann der Kleine Treppen laufen darf, etc.?

- ☐ Gibt es einen schriftlichen Kaufvertrag mit den nötigen Angaben zum Verkäufer, Haftungsfragen, Kaufpreis, Übergabe, etc.?
- ☐ Hast Du mehrere Besuche beim Züchter eingeplant um herauszufinden, ob Du und Dein Dobermann Welpen gut zueinander passen?
- ☐ Wie transportierst Du deinen neuen Begleiter vom Züchter zu Dir nach Hause? Kennt Dein Hund Autofahren? Hast Du etwas zum Reinigen des Autos zur Hand für den Fall der Fälle?

Formalitäten

Bei der Anschaffung eines Welpen ist einiges an Formalitäten und sonstigem Papierkram zu erledigen. Das ist wichtig, um hinterher keine böse (und teure) Überraschung zu erleben. Dies sind die wichtigsten Punkte, die Du unbedingt beachten solltest:

- ☐ Der Abschluss einer Haftpflichtversicherung für Deinen Welpen ist unerlässlich (für den Fall, dass er etwas von jemand Fremden beschädigt oder sogar jemanden verletzt, weil er z.B. vor ein Fahrrad läuft und der Fahrer stürzt)
- ☐ Rechtzeitige Anmeldung für die Hundesteuer bei Deiner Gemeinde/Stadt
- ☐ Prüfe die rechtlichen Rahmenbedingungen in Deiner Umgebung (häufig besteht in Gemeinden z.B. Leinenpflicht)
- ☐ Finde einen guten Tierarzt. Recherchiere im Internet und frage in Deinem Bekanntenkreis nach Empfehlungen. Wenn Du einen gefunden hast, kläre die nötigen Impfungen und Untersuchungen
- ☐ Finde eine Notfallbetreuung für Deinen Hund, falls Du unerwartet ausfällst (z.B. durch Krankheit oder einen Unfall)
- ☐ Suche eine gute Hundeschule in Deiner Nähe und melde Deinen Dobermann rechtzeitig an
- ☐ Teilweise ist ein Hundeführerschein nötig, um einen Hund zu halten. Informiere Dich bei den Behörden vor Ort, ob das bei Dir der Fall ist. Damit

muss schon vor Anschaffung des Welpen begonnen werden!

Einkaufsliste

Um Deinem Dobermann ein gutes Zuhause zu bieten und ihn versorgen zu können, ist einiges an Equipment nötig. Das wird leider schnell teuer, ist aber am Anfang unvermeidlich und sollte schon vor dem Einzug Deines neuen Freundes erledigt werden. Ich rate Dir, folgende Gegenstände vorher zu besorgen:

- ☐ Je einen Fress- und Wassernapf (ggf. mit höhenverstellbarer Halterung)
- ☐ Geschirr (auf die richtige Größe achten) und zwei kurze Leinen für den Welpen (eine als Reserve). Optional eine Laufleine mit mindestens 5m Länge, um Deinem Welpen etwas mehr Freiheit zu gönnen
- ☐ Körbchen mit weicher Unterlage als Rückzugsort
- ☐ Eine Transportbox, die in Dein Auto passt (oder einen Sicherheitsgurt für Hunde)
- ☐ Eine Hundebürste (oder Kamm)
- ☐ Spielzeug
- ☐ Welpenfutter (Sorte vorher mit Deinem Züchter und/oder Tierarzt klären) und Leckerchen
- ☐ Futterbeutel
- ☐ Kauknochen
- ☐ Türgitter und Treppengitter, um zu verhindern, dass der Welpe zu früh Treppen läuft oder ungewollt rausläuft
- ☐ Zeckenzange
- ☐ Kotbeutel

Welpensichere Umgebung

Um Deine Wohnungseinrichtung zu retten aber hauptsächlich, um die Gesundheit Deines Dobermanns nicht zu gefährden, solltest Du für eine welpensichere Umgebung sorgen. Dazu zählt unter anderem folgendes:

- ☐ Lege fest, in welche Bereiche Deines Zuhauses Dein Hund nicht gehen soll und sichere diese evtl. durch ein Türgitter ab (meine Hunde dürfen z.B. nicht ins Badezimmer oder in die Küche)
- ☐ Wenn Du einen Garten hast, sorge dafür, dass er ausbruchsicher ist. Unterschätze nicht, durch welch kleine Schlupflöcher Welpen noch passen!
- ☐ Bringe Kindersicherungen an den Steckdosen in Welpenreichweite an
- ☐ Verstecke möglichst alle freiliegenden Elektrokabel
- ☐ Bringe alles Zerbrechliche in der Reichweite Deines Welpen in Sicherheit und räume alles weg, was er umwerfen oder was herunterfallen könnte
- ☐ Stelle sicher, dass keine giftigen Stoffe (z.B. Chemikalien oder Pflanzen) drinnen oder im Garten erreichbar sind
- ☐ Räume Deine Teppiche weg, wenn sie nicht zum Hundeklo mutieren sollen
- ☐ Finde einen passenden Platz für das Hundekörbchen (nicht zu weit von der Familie entfernt, aber trotzdem ein ruhiger Rückzugsort)

Fazit

Gratulation!

Du hast einen Schritt gewagt, zu dem nicht jeder Hundehalter bereit ist. Du hast Dich ausgiebig über die Erziehung Deines Dobermanns informiert und wirst dadurch ein deutlich zufriedeneres und entspannteres Verhältnis zu Deinem vierbeinigen Freund aufbauen, als die meisten.

Denn du weißt jetzt genau, worauf es ankommt:

- Du kennst den Unterschied zwischen uns Menschen und dem Hund als Rudeltier. Dir macht es nichts aus, wenn Bekannte Dich belächeln werden, nur weil Dein Hund vor dem Essen warten muss, da Du weißt, was es Dir bringt.
- Du hast verinnerlicht, wie wichtig Konsequenz in der Hundeerziehung ist. Daher achtest Du genau auf das, was Du tust und hinterfragst Dein Verhalten kontinuierlich. Denn Fehler schleichen sich meist langsam und leise ein und das willst Du vermeiden.
- Du weißt genau, dass viele Dinge, die für uns Menschen keine Rolle spielen, für Deinen Welpen indirekte Rangeinweisungen darstellen. Dazu gehört beispielsweise die Reihenfolge beim Essen, wer wo Zutritt hat oder wer den Weg und die Richtung bestimmt. Du nutzt dieses Wissen, um

Deinem Welpen die konstante und sichere Führung zu geben, die er benötigt, um ein selbstbewusster, entspannter und zufriedener Hund zu werden.

- Du kennst sowohl die operante als auch die klassische Konditionierung und weißt, wie Du sie am besten zur Erziehung Deines Dobermanns einsetzt. Du weißt, dass beide nicht nur im Positiven, sondern auch im Negativen wirken können, daher vermeidest Du bei Deinem Welpen Erfolgserlebnisse, die nicht in Deinem Sinne sind.
- Du weißt jetzt, wie Du die wichtigsten Grundregeln in leichten Schritten mit Deinem Welpen trainierst. Dir ist bewusst, dass es nicht ausreicht, nur gelegentlichen Gehorsam einzufordern und Du weißt, wie ihr Beide davon profitiert.
- Du weißt, dass Welpenerziehung nichts mit Abrichten zu tun hat, sondern in erster Linie von systematischen Übungen, gutem Timing, zahlreichen Wiederholungen und jeder Menge Geduld bestimmt wird.
- Du weißt, dass die vielen Regeln Deinem Dobermann nicht schaden, sondern im Gegenteil dabei helfen, in Deiner Welt zurechtzukommen. Du schaffst ihm ein Zuhause, dass einem Rudel am nächsten kommt und sorgst für die systematischen Abläufe und Rangordnungen, die er braucht. Du gibst ihm Sicherheit und Führung.
- Du wirst durch die konsequente und liebevolle Erziehung Deines Dobermanns nicht nur von einem

entspannten Alltag, sondern vor allem von einer innigen und intensiven Beziehung zu Deinem Dobermann profitieren. Und Du wirst feststellen, dass selbst die, die einige Methoden aus diesem Buch belächeln, Dich um Deinen perfekt erzogenen Dobermann beneiden werden.

- Du kennst den Jagdinstinkt Deines Hundes und wirst vorbereitet sein. Du weißt, wie wichtig es ist, dass er die Jagd von Anfang an nicht positiv Verknüpfen darf und wirst ihn daher so lange an der Leine halten, bis Du auf seinen Gehorsam vertrauen kannst.

Zum Abschluss habe ich noch einen letzten Tipp für Dich:

Lese dieses Buch nicht nur einmal. Am besten liest Du es gleich mehrfach, bevor Dein Dobermann bei Dir einzieht. Und während Du mit der Welpenerziehung beginnst, schadet es bestimmt nicht, wenn Du immer mal wieder einen Blick hineinwirfst.

Am Ende möchte ich Dir noch mal den Hinweis geben, dass dieses Buch kein Ersatz für den Besuch einer Hundeschule ist! Nur dort erhält Dein Welpe Kontakt zu zahlreichen Artgenossen und kann sich sozialisieren. Zudem werden sich hier Profis sein Verhalten anschauen und Dir weitere maßgeschneiderte Hinweise für Deine Erziehung geben.

Ich wünsche euch für eure gemeinsame Zukunft alles erdenklich Gute. Vor allem aber viel Harmonie, Liebe und Zeit zusammen.

Buchempfehlung für Dich

Hole Dir jetzt die Fortsetzung und erfahre, wie Du Deinen erwachsenen Dobermann trainierst!

DOBERMANN TRAINING – Hundetraining für Deinen Dobermann

Hundetraining wird häufig ...

» ... mit der klassischen Grunderziehung des Welpen verwechselt

» ... nur für besonders begabte Hunde in Betracht gezogen

» ... als zu schwierig angesehen, um es ohne Erfahrung zu schaffen

Doch was macht Hundetraining wirklich aus und wofür ist es überhaupt gut? Und wie können Dein Dobermann und Du auch völlig ohne Erfahrung davon profitieren?

Hast Du manchmal das Gefühl, dass Dein Hund zu viel überschüssige Energie hat und er von Dir, egal wie oft ihr Gassi geht, nicht richtig gefordert wird. Dann ist Hundetraining genau das Richtige für Dich. Die einfachen aber hoch effektiven Methoden des Körper- und Intelligenz-Trainings, die Du in diesem Ratgeber kennenlernst, werden Dir dabei helfen, Deinen Dobermann artgerecht und noch wichtiger mit Spaß und Freude auszulasten.

Sei gespannt auf viele Hintergründe, Erfahrungsberichte, Schritt-für-Schritt-Anleitungen und Tipps, die sich maßgeschneidert auf Deinen Dobermann beziehen.

Sichere Dir noch heute dieses Buch und erfahre...

» ... wie Du eine einzigartige Beziehung zu Deinem Dobermann aufbaust,

» ... wie Du ihn nicht nur körperlich sondern auch geistig und artgerecht auslastest

» ... und das alles ohne vorherige Erfahrung in dem Bereich.

Außerdem erhältst Du das Sonderkapitel „Fun-Training" gratis dabei!

Hole Dir jetzt Teil 3 und erfahre, wie Du Deinen Dobermann richtig pflegst, ernährst und vor Krankheiten schützt!

DOBERMANN PFLEGE – Pflege, Ernährung und häufige Krankheiten rund um Deinen Dobermann

Hundepflege wird häufig ...

» ... unterschätzt und als unnötig erachtet.
» ... einzig auf die Fellpflege reduziert.
» ... von vielen Haltern fast gänzlich vernachlässigt.

Doch was macht die Pflege Deines Hundes wirklich aus und wie ernährst Du Deinen Dobermann richtig? Und wie kannst Du Krankheiten und Parasiten frühzeitig erkennen oder sogar schon vorbeugend tätig werden?

Wenn Du wissen möchtest, wie und wie oft Du die Augen, die Ohren, das Gebiss, die Pfoten, das Fell und die Haut Deines Dobermann untersuchen solltest, dann ist dieser Ratgeber genau richtig für Dich. Du wirst lernen, was Du dabei zu beachten hast. Außerdem erfährst Du, worauf Du bei Fertigfutter zu achten hast und lernst auch die Vor- und Nachteile alternativer Ernährungsmethoden wie selbstgekochtem Essen, BARFen oder Vegetarismus und Veganismus kennen. Zusätzlich erhältst Du noch alle wichtigen Informationen über das Impfen und die Kastration, um darauf aufbauend entscheiden zu können, ob es für Dich und Deinen Dobermann das richtige ist.

Sichere Dir noch heute dieses Buch und erfahre...

» ... wie Du Deinen Dobermann gesund und artgerecht ernährst,
» ... wie Du ihn richtig untersuchst, pflegst und Krankheiten frühzeitig erkennst
» ... und das alles ohne vorherige Erfahrung in dem Bereich.

Hole Dir jetzt Teil 4 und erfahre, wie Du Deinen Familienalltag optimal auf das Zusammenleben mit einem Dobermann abstimmst!

DOBERMANN UND KIND – Ratgeber zur Kind-Hund-Beziehung

Hund-Beziehungen werden häufig ...

» ... planlos angegangen.

» ... durch Unwissen unnötig gefährlich.

» ... ohne gezieltes Hundetraining verfestigt.

Doch was macht eine Kind-Hund-Beziehung wirklich aus und wie setzt Du die richtigen Weichen, damit es nicht zu Angst, Knurren oder Beißen kommt?

Mit diesem Ratgeber wirst Du lernen, welche Vorbereitungen Du schon während der Schwangerschaft treffen kannst. Außerdem erfährst Du, in welcher Altersstufe Dein Kind bestimmte Aufgaben übernehmen kann und wie sich die Kind-Hund-Beziehung über die Jahre verändert. Zusätzlich erhältst Du nützliche Tipps und Ratschläge, um Deinen Familienalltag optimal auf das Zusammenleben mit einem Dobermann abzustimmen und Gefahren frühzeitig zu vermeiden.

Sichere Dir noch heute dieses Buch und erfahre...

» ... wie Du Deine Familie am besten auf den Neuankömmling vorbereitest,

» ... wie Du Beißen, Knurren und Angst von Anfang an vermeidest

» ... und wie Du sowohl Dein Kind als auch Deinen Dobermann füreinander begeisterst.

Hat Dir mein Buch gefallen?

Du hast mein Buch gelesen und weißt jetzt, wie Du Deinen kleinen Dobermannwelpen optimal erziehst. Und genau deshalb bitte ich Dich jetzt um einen kleinen Gefallen. Rezensionen sind bei Amazon ein wichtiger Bestandteil von jedem angebotenen Produkt. Es ist mit das Erste, worauf Kunden schauen und nicht selten geben die Rezensionen später den entscheidenden Ausschlag, ein Produkt zu kaufen oder nicht. Gerade bei der endlos großen Auswahl von Amazon wird dieser Faktor immer wichtiger.

Wenn Dir mein Buch gefallen hat, wäre ich Dir mehr als dankbar, wenn Du mir eine Bewertung hinterlässt. Wie Du das machst? Klicke einfach auf meiner Amazon Produktseite auf folgenden Button:

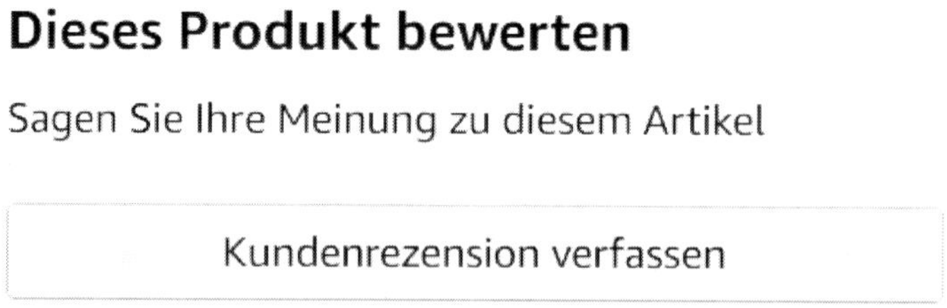

Schreibe einfach kurz, was Dir ganz besonders gut gefallen hat und was Du als Erstes umsetzen möchtest. Es dauert nicht länger als ein paar Minuten, versprochen!

Du kannst Dir sicher sein, dass ich persönlich jede Rezension lese, denn es hilft mir sehr stark dabei, meine Bücher noch besser zu machen und sie genau an eure Wünsche anzupassen.

Daher sage ich Dir:

HERZLICHEN DANK!

Deine Claudia

Quellenangaben:

Schlegl-Kofler, Katharina: Unser Welpe. 3. Auflage. München: GRÄFE UND UNZER Verlag 2009

Schlegl-Kofler, Katharina: Hunde-erziehung. 3. Auflage. München: GRÄFE UND UNZER Verlag 2009

Niewöhner, Imken: Auf ins Leben!: Grundschulplan für Welpen. 1. Auflage. Nerdlen: Kynos Verlag 2012

Rätke, Jana; Perfahl, Barbara: Abenteuer Welpe. 1. Auflage. Nerdlen: Kynos Verlag 2017

Millan, Cesar; Peltier, Melissa Jo: Tipps vom Hundeflüsterer: Einfache Maßnahmen für die gelungene Beziehung zwischen Mensch und Hund. 1. Auflage. München: Arkana Verlag 2009

Koring, Mel: Welpenschule: Das 8-Wochen-Training. 1. Auflage. Stuttgart: Kosmos Verlag 2018

Winkler, Sabine: So lernt mein Hund: Der Schlüssel für die erfolgreiche Erziehung und Ausbildung. 3. Auflage. Stuttgart: Kosmos Verlag

Dobermanns: A Practical Guide for Owners and Breeders von Horgan, Jay 2017

Der Dobermann: praktische Ratschläge für Haltung, Pflege und Erziehung 4., neubearb. Aufl. von Wiblishauser, Hans 1990

Der Dobermann von Wilking, Ernst 1969

Impressum

©2021, Claudia Kaiser

1. Auflage

Alle Rechte vorbehalten. Nachdruck, auch auszugsweise, verboten. Kein Teil dieses Werkes darf ohne schriftliche Genehmigung des Autors oder Verlegers in irgendeiner Form reproduziert, vervielfältig oder verbreitet werden. Herausgeber: GbR, Martin Seidel und Corinna Krupp, Bachstraße 37, 53498 Bad Breisig, email: info@expertengruppeverlag.de, Coverfoto: www.depositphoto.com. Sämtliche hier dargestellten Inhalte dienen ausschließlich der neutralen Information. Sie stellen keinerlei Empfehlung oder Bewerbung der beschriebenen oder erwähnten Methoden dar. Dieses Buch erhebt weder einen Anspruch auf Vollständigkeit, noch kann die Aktualität und Richtigkeit der hier dargebotenen Informationen garantiert werden. Dieses Buch ersetzt keinesfalls die fachliche Beratung und Betreuung durch eine Hundeschule. Die Autorin und die Herausgeber übernehmen keine Haftung für Unannehmlichkeiten oder Schäden, die sich aus der Anwendung der hier dargestellten Information ergeben.

Made in United States
North Haven, CT
10 November 2026

22079721R00065